中国地震局地震科普图书精品创作工程

院 士 谈 减 轻 自 然 灾 害

地震灾害

EARTHQUAKE DISASTER

陈颙 著

地震出版社

图书在版编目（CIP）数据

地震灾害 / 陈颙著 . -- 北京：地震出版社，2018.5（2022.11 重印）
ISBN 978-7-5028-4955-9

Ⅰ. ①地⋯　Ⅱ. ①陈⋯　Ⅲ. ①地震灾害 — 普及读物
Ⅳ. ① P315.9-49

中国版本图书馆 CIP 数据核字（2018）第 044950 号

地震版　XM5391/P(5658)

地震灾害

陈　颙　著

责任编辑：董　青
特邀编辑：张　英
责任校对：樊　钰

出版发行：地震出版社
　　　　　北京市海淀区民族大学南路 9 号　　邮编：100081
　　　　　　　　发行部：68423031　68467991
　　　　　　　　总编室：68462709　68423029
　　　　　　　　http://seismologicalpress.com
经销：全国各地新华书店
印刷：河北文盛印刷有限公司

版（印）次：2018 年 5 月第一版　2022 年 11 月第 2 次印刷
开本：787×1092　1/16
字数：103 千字
印张：4.5
书号：ISBN 978-7-5028-4955-9
定价：58.00 元

版权所有　翻印必究

（图书出现印装问题，本社负责调换）

目录 Contents

引言 1

地震 4

    什么是地震 4

    板块构造 7

    地震波 9

    地震波的多种应用 12

地震的特点 20

    地震的大小——震级和烈度 20

    地震的分布——地震带 25

    地震的频度 27

地震灾害 28

    国外几次大地震 28

    中国的大地震 36

减轻地震灾害 48

    中国不是世界上地震最多的国家，

        但地震灾害最为严重 48

    高质量建筑能化解地震灾害 52

    预防为主，减灾的非工程措施 61

思考题 66

与地震有关的网站 66

致谢 68

引言

作为人类面临的一种主要自然灾害,天然地震(Earthquake)的历史源远流长。中国最早关于地震的报道是在公元前1831年即公元前19世纪。更早的地震文字记载包括象形文字记载是在中东和阿拉伯,在这些地区,我们可以把地震记载追溯到公元前40世纪。地震给人们的印象就是一场灾难。大的地震导致历史上一些最重大的灾害,没有其他自然现象能在那样大的面积、那样短的时间里,造成如此大的破坏。如1923年的日本关东大地震使距震中60km外的东京和横滨成为废墟,约14万人丧生;1556年陕西华县大地震估计死亡人数近83万,当时"山川移易,道路改观,屹然而起者成阜,坎然而下者成壑,攸然而涌者成泉,忽焉而裂者成涧。民庐官廨、神宇城池,一瞬而倾圮矣"(明隆庆《华州志》)。地震甚至能使山川道路等地貌全然改观,其威力可见一斑。

古代世界的建筑七大奇迹都毁于地震灾害:埃及的大金字塔(The Great Pyramid of Giza),巴比伦的空中花园(Hanging Gardens of Babylon),亚历山大灯塔(The lighthouse of Alexandria),阿特米斯(月亮女神)庙(The Temple of Artemis at Ephesus),土耳其卡里亚王陵(The Mausoleum at Halicarnassus),阿波罗青铜巨像(The Colossus of Rhodes),奥林匹亚宙斯雕像(The Status of Zeus at Olympia)(陈颙等,人类活动、自然灾害和活动构造,2001,第四纪研究,21,4)

西方版画中记载的1805年意大利那不勒斯地震。从图中显示的灾害场面,可以看出地震灾害的三种属性:大地震动,地面开裂——自然科学属性;建筑物破坏——工程科学属性;人们惊慌失措——社会人文科学属性
(来源:Jan T. Kozak Collection, Na.'l Information Service for Earthquake Engineering (http://nisee.berkeley.edu/elibrary/getimg?id=KZ247))

古代日本人民想象地震是由于一条巨大的鲇鱼翻身引起的,制止了鲇鱼翻身,就能避免地震灾害
(来源:东京大学地震研究所)

但是地震到底是怎么回事呢?这是人们一直在思考、探索的问题。古代日本人认为是一种鲇鱼(Catfish)的翻身造成了地震,印度人认为是地下的大象发怒引发了地震,古代中国人则把地震归因于抽象的"阴阳失调",当然这些只不过是对于地震的想象。真正对地震的科学认识始于132年东汉张衡地动仪的出现。张衡地动仪是基于这样一种对于地震的本质性的科学理解,即地震是一种远方传过来的地面震动。而这一概念建立了地震和地震波的直接联系,这一概念直到18世纪才被西方科学家所重新确认。张衡地动仪的出现以及它所基于的这样一种科学思想实际上代表了地震科学的开始。而现代地震学则开始于19世纪末精密地震仪的出现。

东汉张衡于公元132年创制了世界上第一台观测地震的仪器——张衡地动仪。《后汉书·张衡传》记:"阳嘉元年,复造候风地动仪,以精铜制成,圆径八尺,合盖隆起,形似酒樽,饰以篆文,山龟鸟兽之形。中有都柱,旁行八道,施关发机;外有八龙,首衔铜丸,下有蟾蜍张口承之。其牙机巧制,皆隐在樽中,覆盖周密无际。如有地动,樽则振,龙机发,吐丸而蟾蜍衔之,振声激扬,伺者因此觉知。虽一龙机发,而七首不动,寻其方向,乃知震之所在,……"公元一三八年,陇西发生地震,千里之外的洛阳并无感觉,但地动仪却测到了,许多人都不相信,几天后,驿马送来了消息,于是朝廷内外尽皆信服。可惜的是,公元四世纪,这台仪器在战乱中散失,至今失传

　　从地震科学诞生之日起,它一直沿着两个方向发展,第一个方向是认识地震,第二个方向则是减轻地震灾害。我们先从第一个方向谈起。

地震

■ 什么是地震

顾名思义，地震就是地球的震动。引起地球震动的原因有很多：火山喷发、行星撞击、海底大滑坡、原子弹爆炸等。但这里谈的地震，是指地下岩石的突然断裂引起的地球震动。地球内部的不断运动造成地壳大规模变形是地震的根源，地壳沿地震断裂面的突然滑移是地震波能量辐射的直接原因。

1906年发生的旧金山大地震，为理解什么是地震提供了直接的观测事实。旧金山大地震发生在美国加州圣安德烈斯断层上，地震时，断层两盘发生了3~4m的右旋错动（站在断层的一盘上，观测另一盘的运动，向右就叫做右旋运动，向左叫做左旋运动），垂直于断层的农场的篱笆明显被错开了3~4m的距离。

跨圣安德烈斯断层的篱笆在1906年旧金山地震之后发生3~4m的错动（右旋）（来源：Robert E. Wallace, USGS；G.K.Gilbert, USGS）

下图形象地表示了地震的弹性回跳假说。有一个垂直穿过断层，在两侧延伸许多米的篱笆。用箭头表示的构造力作用使弹性岩石应变。当它们缓慢地作功时，该线（篱笆）弯曲了，左侧相对右侧错动。这种应变作用不能无限地持续，早晚那些软弱岩石，或那些位于最大应变点的岩石要破坏。这一破裂后将接着发生弹回，或在破裂的两侧回跳。这样在图中断裂两侧的岩石中的C回跳到C_1和C_2。

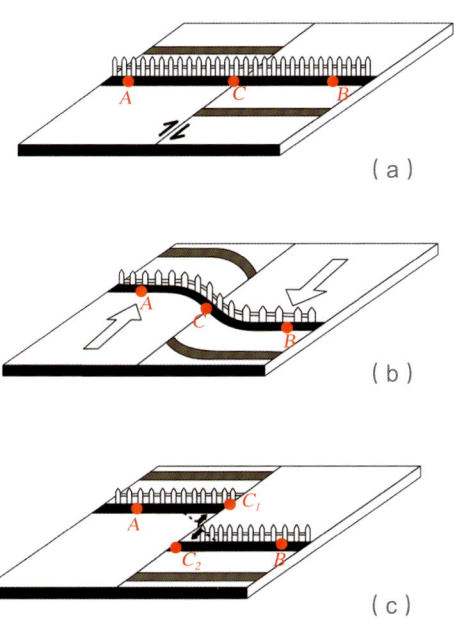

跨圣安德烈斯断层的篱笆当断裂弹性回跳时造成的结果。（a）篱笆垂直穿过断层，地震前未发生形变；（b）构造力作用下横过断层的篱笆发生弯曲，A点和B点向相反方向移动；（c）在C点发生破裂，在断裂两侧的应变岩石弹回到C_1和C_2。于是，美国工程师里德（Reid）根据这些观测结果，提出了地震的弹性回跳假说：地球深部的作用力使地震活动区岩石产生变形，随时间增加，变形渐渐变大。这种变形在很大程度上，起码在大约千年尺度上，是弹性变形。所谓弹性变形，是指加力时岩石产生体积和形状变化，当力移去时将弹回到它们的原状。旧金山地震前，包括圣安德烈斯断层在内的广大区域发生弹性变形，积聚了弹性能量，地震时，圣安德烈斯断层发生错动，释放了积聚的能量，整个区域又回到原来的状态

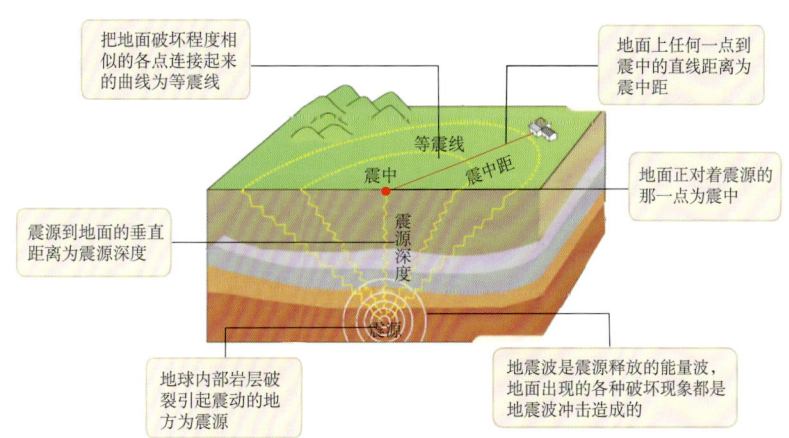

地震发生在地下深处，发生地震的地方叫做震源，震源离地面的距离叫做震源深度，地面上正对着震源的地方叫做震中。把地面破坏程度相似的各点连接起来的曲线称为等震线

地震造成的沿断层的位移错位,不仅仅出现在圣安德烈斯断层上,在全世界的许多地方都能见到。如：1739年平罗地震断层顺时针运动造成长城宁夏段的错位（王兰民提供）

按照震源的不同深度，通常把地震分成三类：

- 浅源地震：震源深度小于70km；
- 中源地震：震源深度在70~300km之间；
- 深源地震：震源深度大于300km。

全世界90%的地震震源深度都小于100km，仅有3%的地震是深源地震。由于浅源地震能够产生更大的地球表面的震动，因此，浅源地震的破坏力也最大。

板块构造

45亿年前,初期的地球是一个炙热的岩浆球,经过长时间的冷却,地球外层形成了一层冷而坚硬(脆性)的岩石,称为岩石圈。地球深处的地幔持续不断地运动,把脆性的岩石圈撕扯成几个部分,就像一个巨大的鸡蛋壳碎片一样。这些碎片就是我们所知道的板块。有一些板块非常大(最大的已标注在下图中),但也有很多很小的板块。一些板块形成了洋底,其他的在海洋和大陆之下。岩石圈共由7个主要板块和约12个小型板块组成。这些形状不规则的板块如拼图般彼此嵌合,覆盖着地球表面。地球上7个主要板块厚约100km,覆盖了约94%的地表,太平洋板块是最大的板块,面积达1.08亿km^2,其他主要板块按面积大小,依次为非洲板块、欧亚板块、印澳板块、北美洲板块、南美洲板块和南极板块。其余6%的地表被12个左右较小型板块所覆盖。板块的大小不断改变,有些不断扩展,有些继续收缩,这些过程通常发生于板块边界。

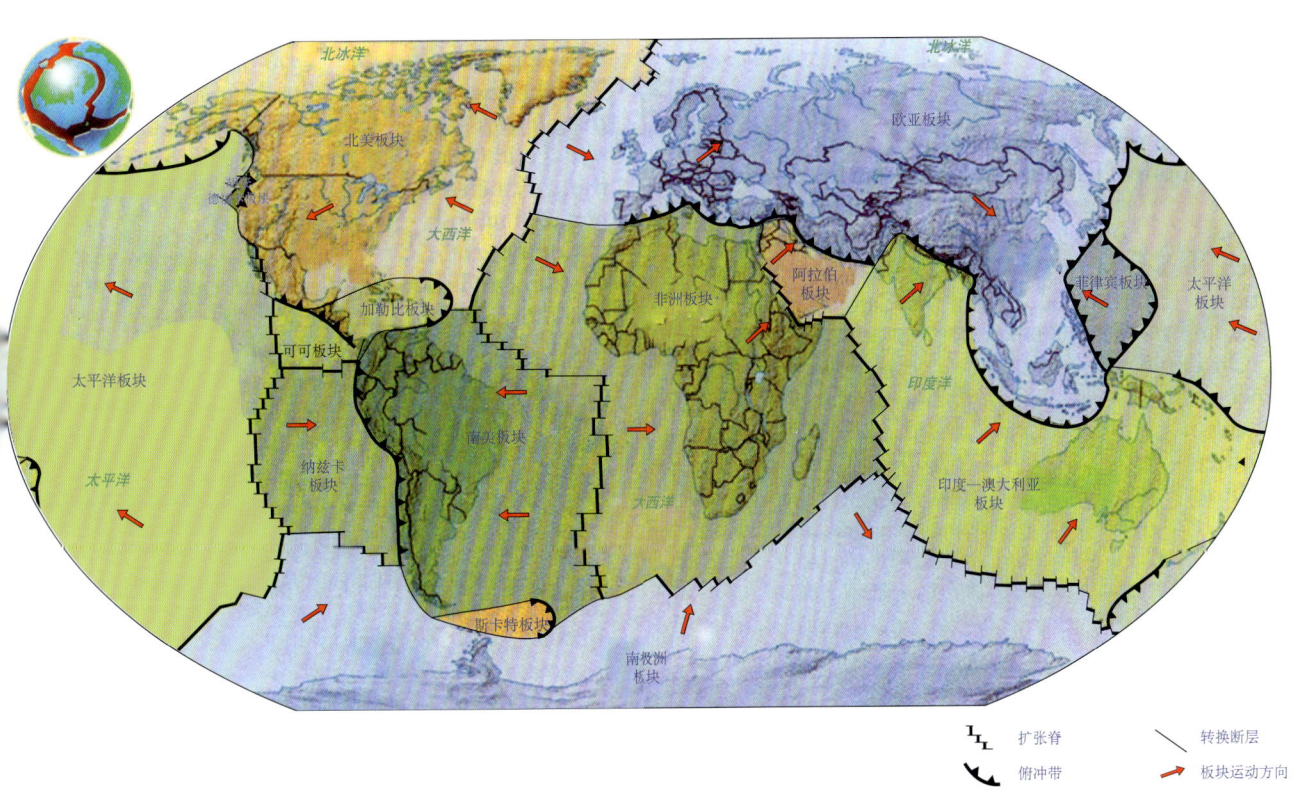

地球岩石圈主要分成了7个主要板块:太平洋板块、非洲板块、欧亚板块、印澳板块、北美洲板块、南美洲板块和南极板块。图中还给出了一些较小的板块。三种不同的板块边界在图中用不同的线条表示
(来源:据Davidson J.P et al., 1997,改绘)

板块所在岩石圈的下面是软流圈,软流圈也是由岩石组成的,但由于地下深部的温度非常高,软流圈有1%~2%的岩石发生了融化,部分熔融的软流圈力学强度较低,可以发生塑性变形。于是,漂浮在软流圈上的岩石圈可以发生运动,就像浮冰在海上漂来漂去一样。板块不断地运动,每年移动的距离在几厘米到十几厘米之间,与人类指甲生长的速度大致相当。

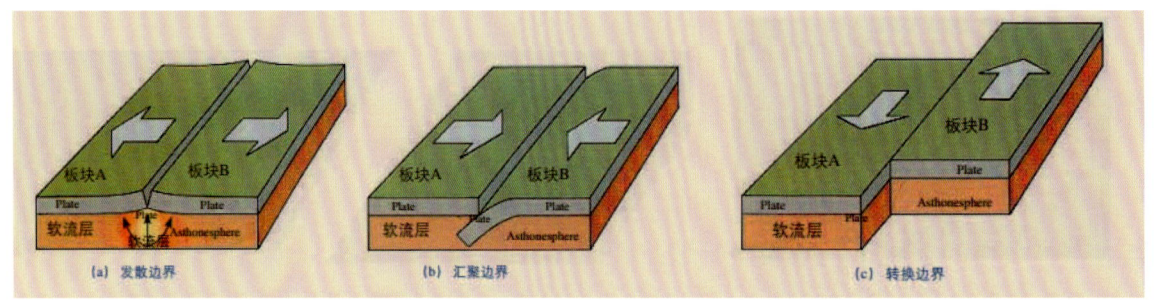

岩石圈漂浮在软流圈上,就像浮冰在海上漂来漂去。板块不断运动的速度与人类指甲生长的速度大致相当,每年移动几厘米到十几厘米的距离。按照运动方式的不同,板块与板块之间的边界可以分成三种类型:发散边界(板块被推开,长出了新的地壳)、汇聚边界(板块被拉拽在一起,部分板块消亡)和转换边界

地震的震源深度与板块边界有密切的关系,在板块的发散边界和转换型边界发生的地震多是浅源或中源的,而在汇聚边界发生的地震则多是深源的,随着海洋板块从海沟向大陆的俯冲,震源的深度也不断地增加。

唐山地震时北京所感到的两种地震波

　　唐山地震发生在1976年7月28日凌晨3点多钟。当时笔者(陈颙)住在北京前门附近一个非常破旧的二层木制结构的楼房里,楼房至少有五十年历史了,除了外墙是砖砌的,地板和骨架都是木质的,一走起路来地板就发出"咯吱咯吱"的呻吟声。那时正好是夏天,天气出奇得闷热,让人难以入睡。我刚躺着一会儿,迷迷糊糊中就觉得床有些大幅度上下跳动,地板甚至整个楼房都发出"嘎吱"的声音。我立刻意识到"有大地震发生了"。长年从事地震工作的我被晃醒后没有立即下床,而是躺在床上开始数数,"一、二、三,……",数着数着床的晃动变小了。当数到第二十的时候,突然又来了一次晃动,比第一次更厉害,整个楼层都在忍受剧痛似的"哗哗啦"乱响。这短短的20秒钟间隔就是纵波和横波到达的时间差(地震通常会产生纵波和横波,纵波在地球介质中传播得快,最先到达我们脚下,引起地表的上下运动;横波跑得慢,我们感到的第二次强烈震动就是横波造成的,地面表现出水平方向的运动。由于横波携带了地震产生的大部分能量,因此它对地表建筑物的破坏更为严重),反映了观测者和震源的距离,差1秒钟,表明约8km远处发生了地震,20秒钟则说明这次地震事件发生在约160km处。于是,我有了一个初步判断:地震不在北京——在距离北京160km的地方有大地震发生了。

　　这和雷雨闪电的原理是一样的:天空中两片雷雨云相遇时,发出闪电和雷声,闪电(电磁波)跑得快,雷声(空气中的声波)跑得慢,我们先看见闪光,后听见雷声,闪光和雷声之间的时间差,就表示发出闪光和雷电的云距我们的距离。

地震波

体波

地震在地球内部会产生两种体波：P波（Primary waves，纵波）和S波（Secondary waves，横波）。

P波是跑得最快的波，它可以在固体、液体和气体中传播。P波与空气中的声波很相似，质点沿着波的传播方向做压缩和拉伸运动。

S波跑得比P波慢，它只可以在固体中传播。在S波传播时，质点的运动方向与S波的传播方向互相垂直，介质中产生剪切应力。由于流体不能承受剪切应力，因此S波不能在液体和气体中传播。

P波和S波的速度由介质的密度和弹性常数决定。

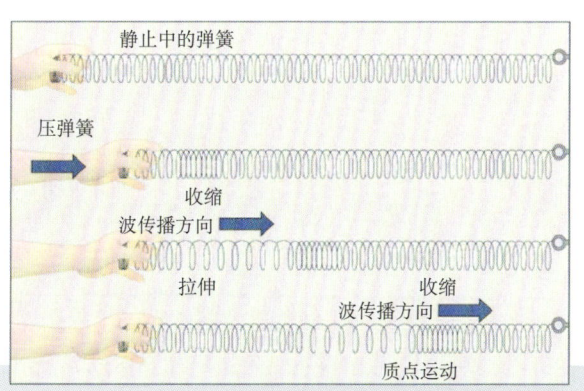

(a) 弹簧产生的P波

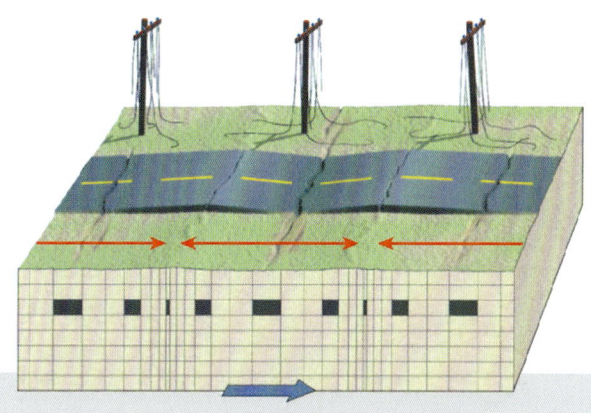

(b) 沿地表传播的P波

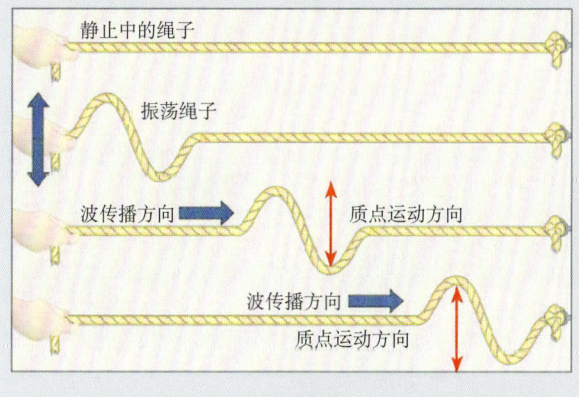

(c) 绳子产生的S波

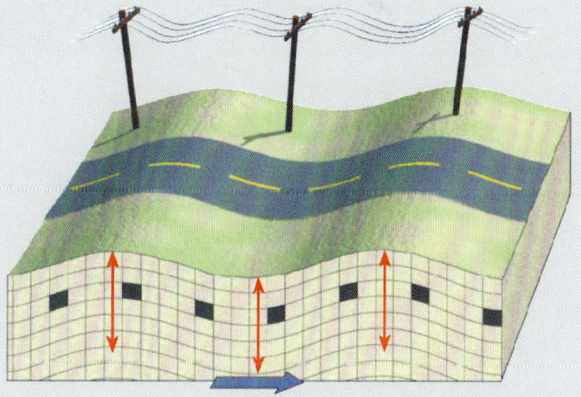

(d) 沿地表传播的S波

地震在地球内部会产生两种体波：P波和S波。P波的质点沿着波的传播方向做压缩和拉伸运动；S波的质点运动方向与S波的传播方向互相垂直

面波

面波是沿地球表面附近传播的一种弹性波。面波传播的速度都比体波慢。最重要的面波有两种：Rayleigh 波（R波）和 Love 波（L波），它们的命名是为了纪念这些波的发现者——英国科学家Lord Rayleigh 和 A.E.H. Love。

Rayleigh波（R波）传播时，质点在沿着波传播方向的垂直平面上做逆时针的椭圆运动，波到来时，地面的运动和水面上的波浪运动一样

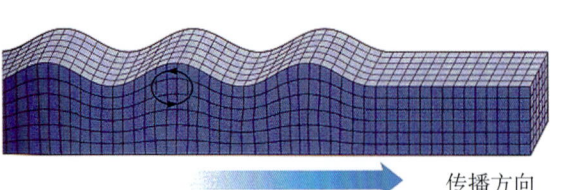
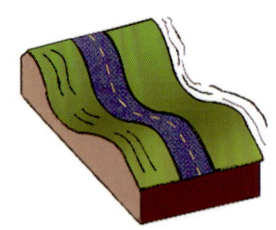

Love 波（L波）传播时，质点水平运动，而且运动方向与波传播方向相垂直，地面上质点运动最大，越往地下深处运动的幅度越小

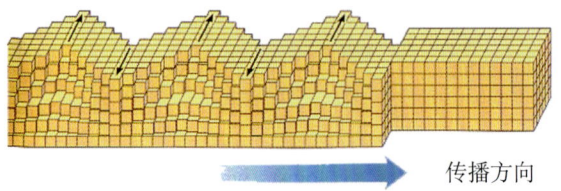
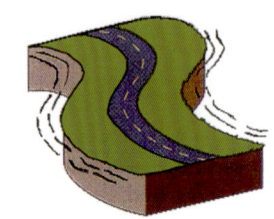

地震作为地球内部的一种震动，发生的时候会产生一系列波动即地震波，而地震波是目前我们所知道的唯一一种能够穿透地球内部的波。今天我们关于地球内部的知识都是怎么得来的呢？这在很大程度上要归功于地震波。19世纪，人们就已知道，地震是一盏照亮地下的明灯。

2006年7月19日10:57:36.8印尼巽他海峡发生M_S6.0地震（S6.5°，E105.4°），这是中国昆明地震台（KIM，震中距31.6°，方位角355.0°）的地震波实际记录，纵轴是地震动的位移（单位：μm），横轴是时间。地震P波到达后，约350s后S波才到达。从这张记录图可以看出，P波的振幅最小，S波振幅较大，而振幅最大、震动时间最长的是面波（Surface waves）

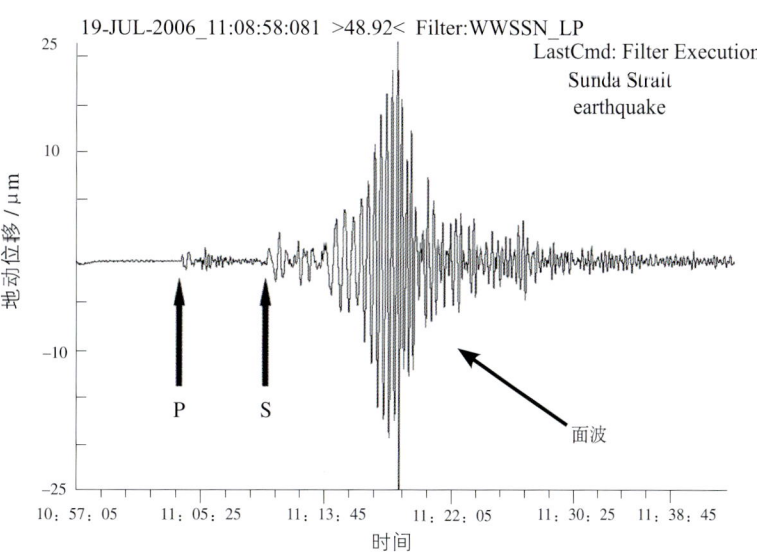

■ 地震波的多种应用

震源发出的地震波会通过地球介质向各个方向传播，我们从而可以在世界各地通过地震仪记录到。20世纪初，地震学家发现，大地震发生后，在距地震震中103°～143°的范围内记录不到地震P波。于是他们猜想，地球具有分层结构，地球内部有一个低速的地核，地震P波由于折射，到达不了103°～143°的范围。人们关于地球内部的认识就从地震波而得来。

人们挑选西瓜都有个经验，用手拍打西瓜听听声音便可以判断西瓜的成熟情况，这是因为不同的西瓜震动时发出的音调和音色不同。地球物理工作者的事业和拍西瓜很相似，只不过有时候通过人工地震手段让地球震动，有时候是地球自己发生地震产生震动，科学家则通过记录和"倾听"这些来自地球内部震动的交响乐——地震波，来判断地球内部的结构和状态。迄今为止，地震波是唯一能够贯穿地球的波动

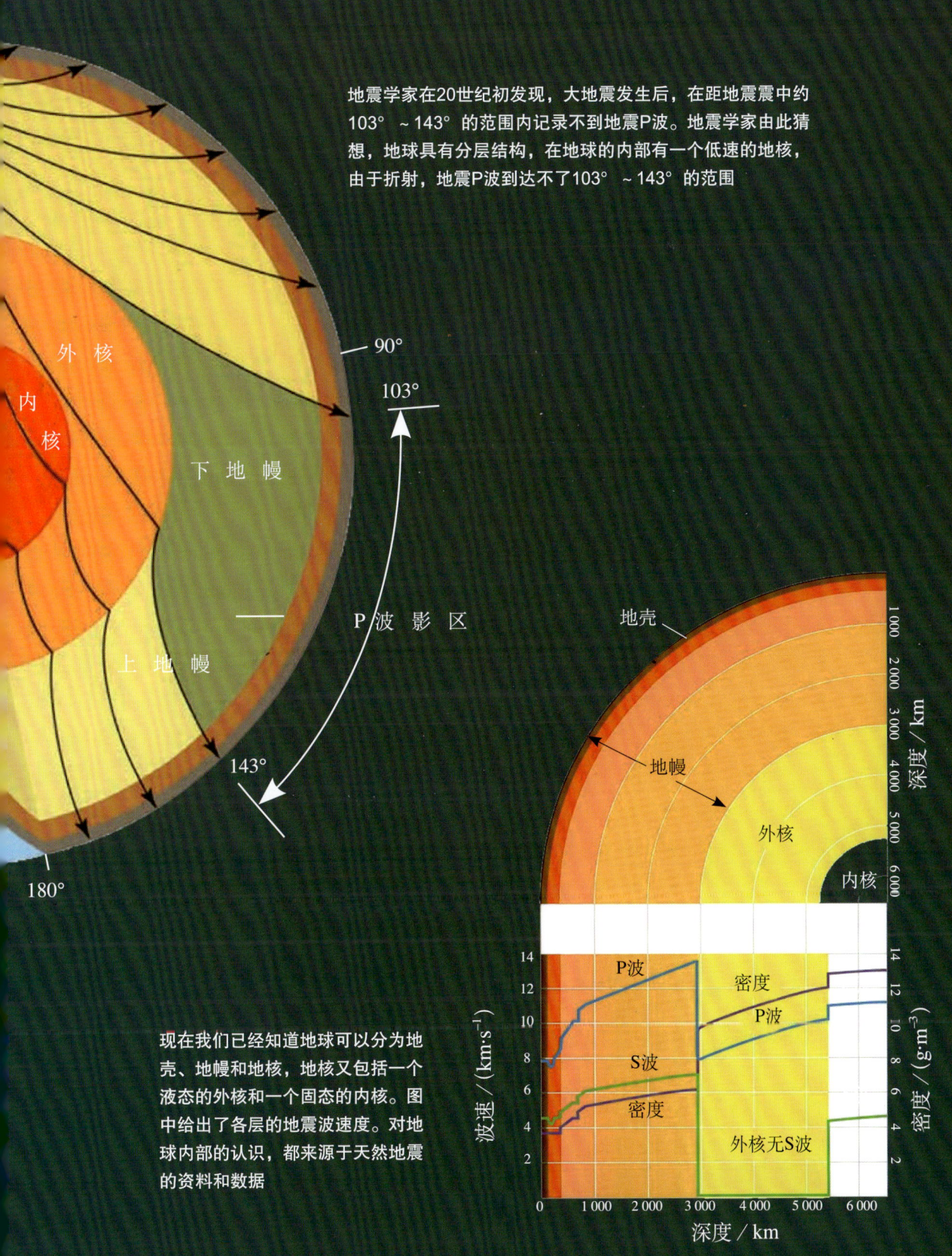

地震学家在20世纪初发现，大地震发生后，在距地震震中约103°～143°的范围内记录不到地震P波。地震学家由此猜想，地球具有分层结构，在地球的内部有一个低速的地核，由于折射，地震P波到达不了103°～143°的范围

现在我们已经知道地球可以分为地壳、地幔和地核，地核又包括一个液态的外核和一个固态的内核。图中给出了各层的地震波速度。对地球内部的认识，都来源于天然地震的资料和数据

获得地球的这种分层结构的大事年表可简要列举如下：

1906年奥尔德姆首先试图从地震波穿过地球的时间来推断整个地球内部构造。

1909年莫霍洛维奇根据近震初至波的走时，算出地下56km处存在一个间断面，间断面以上物质的平均速度为5.6km/s，以下物质的速度为7.8km/s。后来发现，无论是海洋还是大陆，绝大多数地区都存在这个间断面，通常称它为莫霍界面，其平均深度约为30km，莫霍界面以上的部分称为地壳，以下的部分称为地幔。

奥尔德姆　　莫霍洛维奇　　古登堡　　莱曼

1914年古登堡（Gutenburg）根据地震体波的"影区"确认了地核的存在，并测定了地幔和地核之间的间断面，其深度为2 900km。这个数值相当准确，直到现在也改进不多。根据地核不能传播横波（地震波的一种，不能在液体中传播）的特性，地震学家又推断出地核是液态的。

1936年莱曼通过对体波"影区"的进一步研究，发现了在液态的地核中还有一个固态的地球内核。

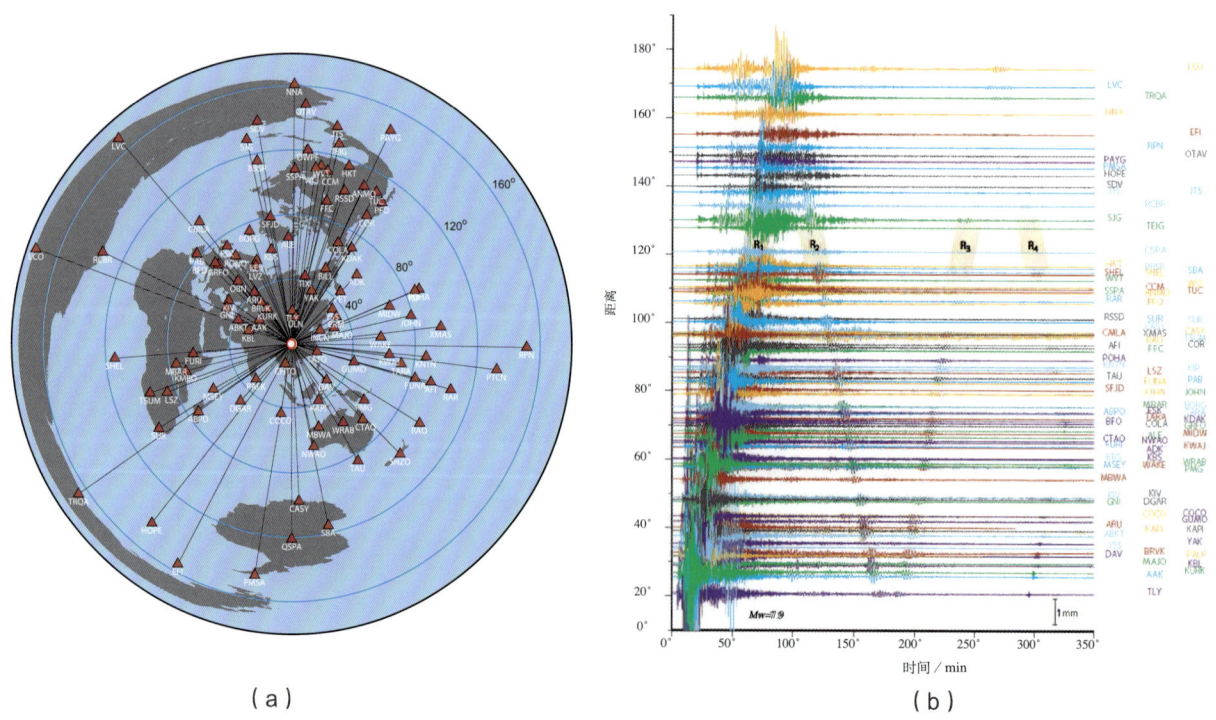

（a）记录到2008年中国汶川8.0级大地震的全球地震台站的位置和它们离地震震中（图中心的圆圈）的距离（°）；（b）地震后6小时内各台站记录的Rayleigh面波的垂直向地面运动（峰-峰值，用cm表示），R_1是沿震中——台站大圆最短距离传播的波，R_2是沿同一个大圆最远距离传播的波，R_3与R_1相同，只是多绕地球转了一圈，R_4与R_2相同，也多绕地球转了一圈

利用地震波的一个重要方面是地震勘探。地震勘探的历史可以追溯到19世纪中叶。早在1845年马利特就曾用人工激发的地震波来测量地壳中弹性波的传播速度,而在第一次世界大战期间,交战双方都曾利用重炮后坐力产生的地震波来确定对方的炮位,这些可以说是地震勘探的萌芽。由于地震勘探具有其他地球物理勘探方法所无法达到的精度和分辨率,所以在石油和其他矿产资源的勘探中,用地震波进行勘探是最主要和最有效的方法之一。各种矿产资源在构造上都会具有某种特征,如石油、天然气只有在一定封闭的构造中才能形成和保存。地震波在穿过这些构造时会产生反射和折射,通过分析地表上接收到的信号,就可以对地下岩层的结构、深度、形态等作出推断,从而可以为以后的钻探工作提供准确的定位。

利用地震波进行勘探。(a)利用一台汽车的震动产生向下传播的地震波,从地下岩层反射回来的地震波被另一台汽车部署的地震仪器接收,经过处理,(b) 得到了地下岩层的结构

利用地震波还可以为国防建设服务。截止到2000年11月,已经有160个国家正式签署了全面禁止核试验条约(CTBT)。现在所面临的一个共同问题是,如何有效地监测全球地下核爆炸。而这正是地震学的用武之地,地下核爆炸和天然地震一样也会产生地震波,会在各地地震台的记录上留下痕迹。而地下核爆炸和天然地震的记录波形是有一定差异的,因此根据其波形不仅可以将它与天然地震区分开来,而且可以给出其发生时刻、位置、当量等。

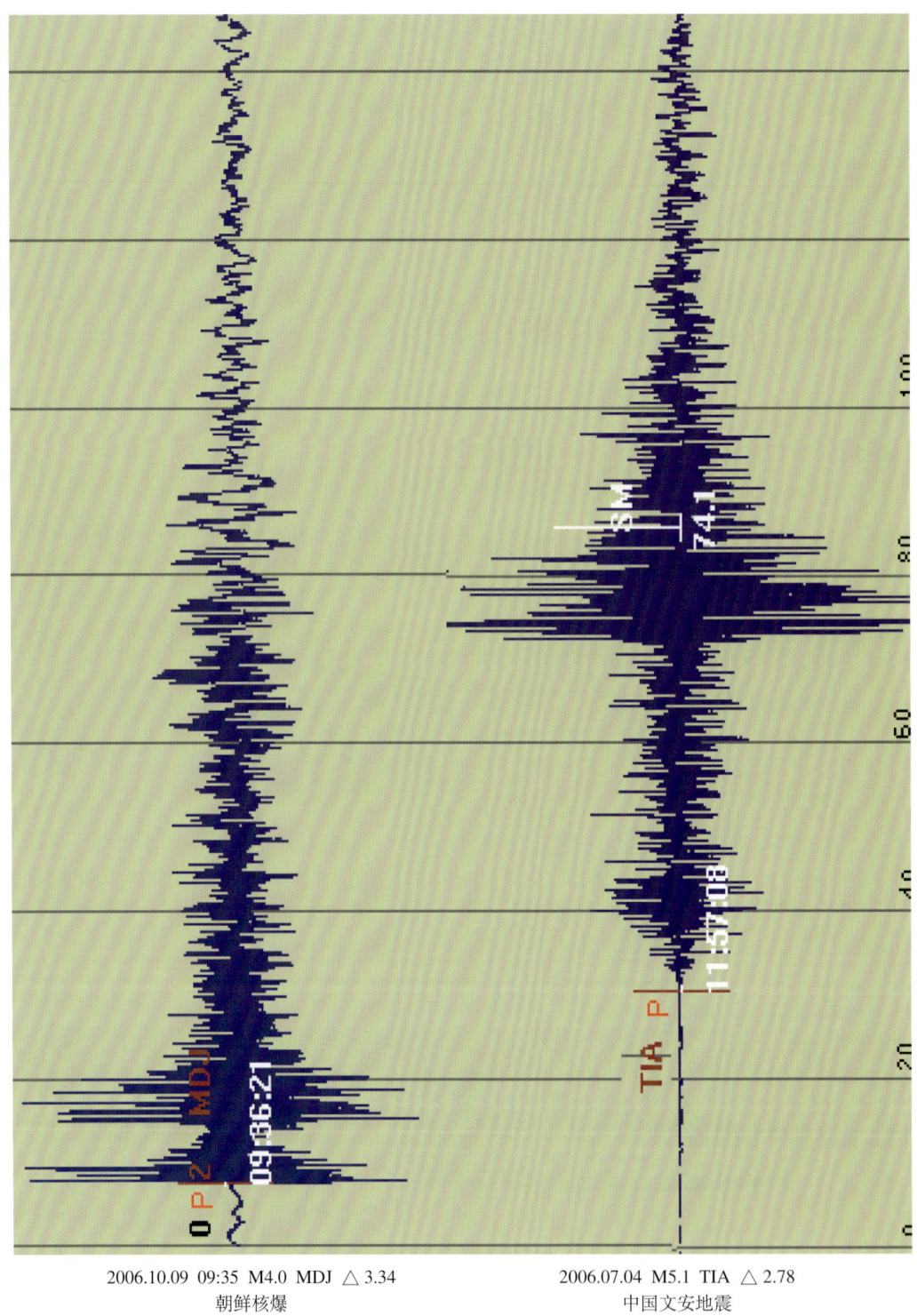

2006.10.09 09:35 M4.0 MDJ △ 3.34　　　2006.07.04 M5.1 TIA △ 2.78
朝鲜核爆　　　　　　　　　　　　　　　中国文安地震

上图右侧是地下爆炸产生的地震波（2006年10月9日朝鲜核爆，释放的地震波能量相当于4级天然地震），其记录特征是"大头小尾"，上图右是天然地震产生的地震波（中国河北文安，5.1级），它的特征是"小头大尾"。利用记录到的地震波的特点，可以区分地下核爆炸和天然地震（来源:ISC Report, 2008, London）

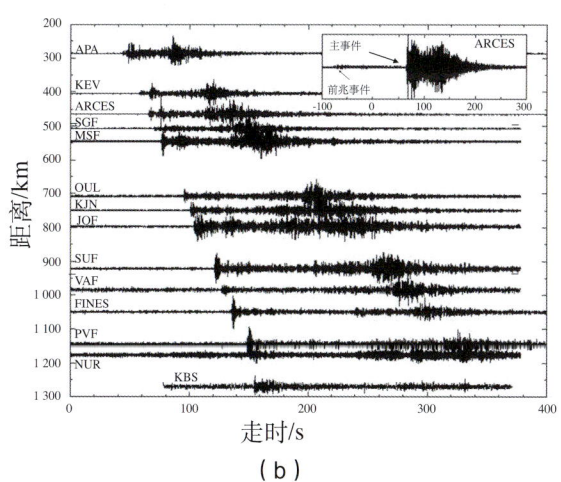

2001年，俄罗斯的库尔斯克号潜艇（上图，当时是世界上最大的核潜艇）沉入巴伦支海时，没有人想到要去告诉地震学家。但正是地震学家使得这场灾难起因的争论最终得以结束。波罗的海附近的地震台记录到了库尔斯克号上爆炸引起的地震波（左图，每一条横线代表不同位置的地震台的记录），可以精确地测定爆炸的地点和爆炸的次数，分析结果表明，这场悲剧是潜艇尚在水面时由艇上的一枚鱼雷意外所引起的，随即在深部发生了几枚鱼雷爆炸。而俄罗斯当局早先将这一事件归罪于一艘不明身份外国潜艇的碰撞

（来源：（a）AP美联社(http://www.aeronautics.ru/img003/kursk-017.jpg)；（b）EOS (2001)）

其实，地震学的应用还远不止以上这些。例如，目前用地震的方法预测火山喷发取得了很大的进步；对水库诱发地震的研究可以为大型水库提供安全保障，例如我国的三峡工程，库区地震灾害的研究就是工程可行性论证的重要内容之一；对矿山地震的监测是保护矿山安全的重要手段之一；地震学还可用于对行星的探测，通过对行星自由振荡的研究可以揭示行星内部大尺度结构。因此，地震学这门古老的学科，不断获得活力，成为正在迅速发展的前沿学科之一。

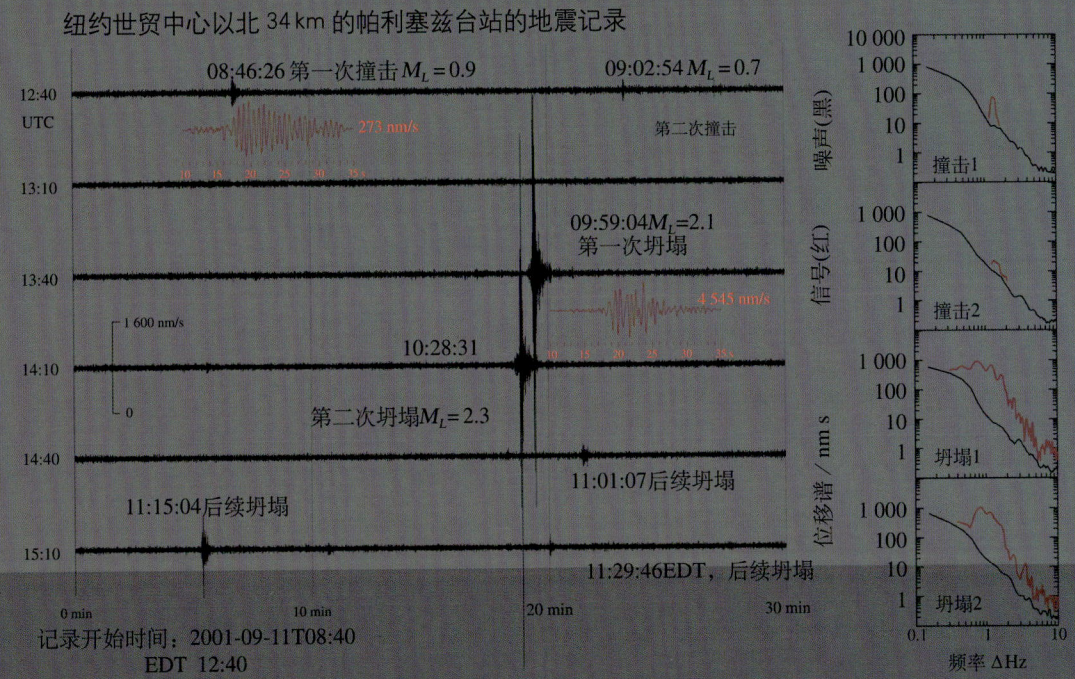

离美国世界贸易中心34km的地震台记录了"9·11事件"的全部时间进程。左图:原来的世界贸易中心大楼外景,撞击后的起火和冒烟,接着发生倒塌。右图:地震台接收到的地震波记录:08:46发生了撞击,09:59中心大楼第一次坍塌,10:28第二次坍塌,11:01和11:15还发生了几次小规模的坍塌,记录了世界贸易中心多次倒塌的全过程

(来源:Kim, W. Y et al., EOS, 82(47), 565-571, 2001)

地震的特点

科学家们和公众询问地震的一个基本问题就是它的大小。表示地震大小基本有两种方法，一种是利用地震震级表示地震的大小，另一种是根据地震造成的破坏程度确定地震的大小。

■ 地震的大小——震级和烈度

地震作为一种自然现象，它有大有小，大可以大到使山崩地裂、房倒屋塌，小可以小到人体根本感觉不到、只有灵敏的仪器才能记录到。如何表示地震的大小呢？

第一种方法，用地震所释放的能量来表示地震的大小，Richter用地震的震级（magnitude）表示地震所释放的能量的大小，叫做里氏震级。震级大的地震，释放的能量就多。

几位著名地震学家1956年的合影，从左到右：Frank Press（弗兰克·普雷斯）、Beno Gutenberg（本诺·古登堡）、Hugo Benioff（雨果·贝尼奥夫）和Charles Richter（查尔斯·里克特）。其中Richter是里氏震级的发明人（来源：洛杉矶检查报，http://oralhistories.library.caltech.edu/77/01/OH_Press_F.pdf）

2008年5月12日,德阳市汉旺广场上的一座大钟将时间永远定格在地震发生的那一刻

根据地震仪记录到的地震波幅度确定地震的里氏震级。如果在离地震220km（左方坐标）的地震台上记录到地动位移是22mm（右方坐标），可以确定这次地震是5级地震

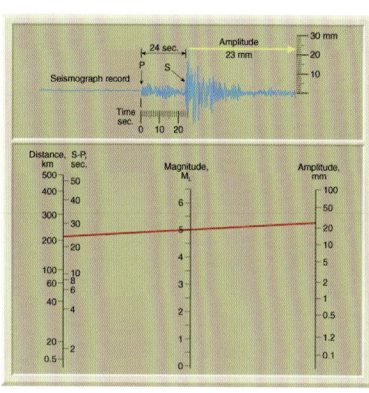

地震波能量计算公式：

$$\lg E = 11.8 + 1.5M$$

E：弹性波能量，约相当于总能量的1/10
M：震级

震级	相当能量的TNT炸药量/t	相当于20 00
5.5	20 000	1
6.0	120 000	6
7.0	3 600 000	180
7.8	56 000 000	2 800
8.0	112 000 000	5 600

地震的震级和能量

地震释放的地震波能量与震级有下列关系（能量以尔格计）：

$$\lg E = 11.8 + 1.5M$$

从上式可以看出，不同震级地震的能量差别是很大的。震级每大一级，地震的能量就大$10^{1.5}$（约31.6）倍，即2级地震的能量是1级地震的31.6倍，3级地震的能量则是1级地震的$10^{1.5+1.5}=1000$倍。所以，尽管小地震数目比大地震多得多，但总能量中的大部分仍是由大地震释放的。

地震的能量到底处于什么数量级上呢？我们可以来做几个比较。如果把1945年美国扔在日本广岛的原子弹（相当于2万吨标准TNT炸药）埋在地下十几千米处让它爆炸，相当的震级是5.5级；而唐山地震则相当于2 800颗这样的原子弹在地下爆炸。可见地震的能量是十分巨大的。我们还可以把自然界中的各种现象在能量上做一个排序。左图是以尔格表示的能量图。天上闪电的能量大概相当于10^{16}尔格（1尔格=10^{-7}焦耳）。现在已知最大的能量大约为10^{32}尔格，这是7 000万年前，一个直径10km的天外星体以20km/s的速度撞到地球上，产生了大量的灰尘，使地球变成了一个黑暗的世界，有的学者认为正是这场灾难导致了恐龙的灭绝。这个能量是现在我们所知道的最大的。在这样一个广阔的能量图中，地震（图中的紫点）大约位于其中部，例如唐山地震约相当于10^{23}尔格。可见，地震作为地球上的一种自然现象，它的能量对于人类社会乃至整个自然界的影响都是相当大的。

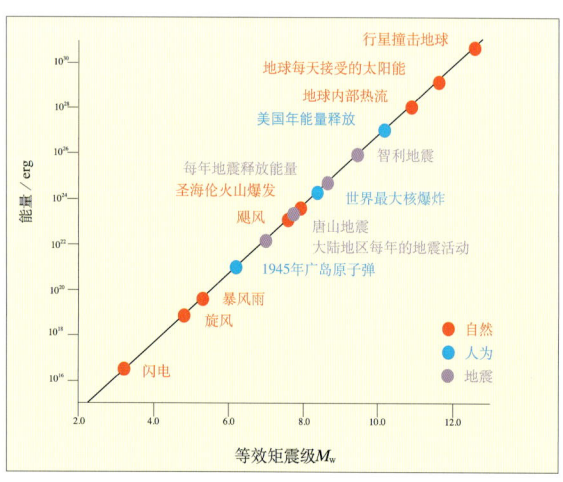

自然界各种事件的能量排序

表示地震大小的第二种方法，是用地震在地面上产生的破坏程度，地震越大，它产生的破坏就大。我们把地面及房屋等建筑物受地震破坏的程度叫做地震烈度。中国和世界上多数国家一样，采用12级的地震烈度表。下面给出不同地震烈度对应的地面破坏情况（习惯用罗马数字表示）：

- 小于III度：人无感受，只有仪器能记录到；
- III度：夜深人静时人有感受；
- IV～V度：睡觉的人惊醒，吊灯摆动；
- VI度：器皿倾倒、房屋轻微损坏；
- VI～VII度：房屋破坏，地面裂缝；
- VIII～X度：房倒屋塌，地面破坏严重；
- XI～XII度：毁灭性的破坏。

震级和烈度都是表示地震大小的量，但是两者有很大的不同。震级表示地震所释放的能量的大小，因此，一个地震只有一个震级。而烈度表示的是地面及房屋等建筑物受地震破坏的程度，对同一个地震，不同的地区，烈度大小是不一样的。距离震源近，破坏就大，烈度就高；距离震源远，破坏就小，烈度就低。还可以举个例子说明震级和烈度的不同，地震震级好像不同瓦数的日光灯，瓦数越高能量越大，震级越高。烈度好像屋子里受光亮的程度，对同一盏日光灯来说，距离日光灯的远近不同，各处受光的照射也不同，所以各地的烈度也不一样。

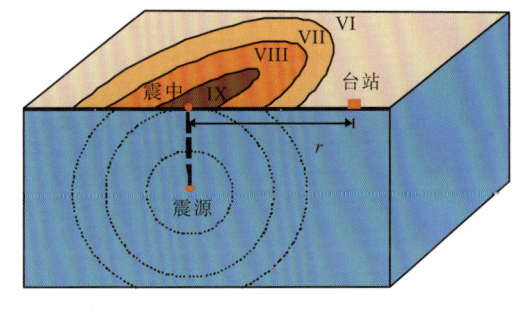

某地点的地震烈度表示地震导致该地点地面运动的猛烈程度。

$I = I(M, r)$

震级	5	5.7	6.3	7	7.7
烈度	VI	VII	VIII	IX	X

烈度是地震造成地面及房屋等建筑物的破坏程度，它也是表示地震大小的一种方法，地震越大，它产生的破坏就越大，地震烈度就越大。但是，烈度和震级不同。一个地震只有一个震级。而对同一个地震，不同的地区，烈度大小是不一样的。距离震源近，破坏就大，烈度就高；距离震源远，破坏就小，烈度就低。图中，I：烈度；M：地震震级；r：震中距

苏联烈度表 MSK	RF烈度表	日本烈度表 JMA	欧洲烈度表 MSC	改进的麦加利烈度表MMI	
I	I		II	I	
II	II	I	III	II	
III	III		IV	III	几乎没有感觉
IV	IV	II	V	IV	感觉如车边的震动
V	V	III	VI	V	人人有感，睡者惊醒
VI	VI	IV	VII	VI	对砖石建筑造成破坏
VII	VII		VIII	VII	人难以站立
VIII	VIII	V	IX	VIII	人惊逃，部分墙倒
IX	IX		X	IX	
		VI	XI		大范围破坏，山崩滑坡
X	X		XII	X	
XI	XI	VII		XI	全面破坏，地面起伏如波浪
XII	XII			XII	

世界上几种常用的烈度表，大多数国家使用12级烈度表，最早的12级烈度表是由意大利科学家Mercalli在19世纪提出来的，判断烈度主要利用19世纪的建筑物的破坏情况。以后，根据20世纪末期建筑物的发展，修改了判断烈度的标志，新的12级烈度表被叫做修改后的Mercalli烈度表，简称MMI（Modified Mercalli Intensity）。中国使用的12级烈度表与MMI烈度表相近，烈度判断标志根据中国建筑的特色做了部分修改。目前大多数国家均采用MMI的烈度表，但也有一些例外，如日本采用的是7度的烈度表（JMA），这种烈度表的最高烈度不是XII度，而是VII度

唐山地震的震级为7.8级，它的烈度分布如上图所示：唐山X度；天津VII度；北京VI度。描述地震大小的两种方法可以通过地震震级和震中烈度联系起来：5级地震：震中烈度VI～VII度；6级地震：震中烈度VIII度；7级地震：震中烈度IX～X度；8级地震：震中烈度XI～XII度

■ 地震的分布——地震带

我们已经知道地震在地球上的分布不是完全没有规律的，也不是完全有规律的，即地震活动是规律性与随机性共存。从全球地震震中分布图上可以看出，地震主要分布在三个地震带上。首先约70%的地震分布在环太平洋地震带，包括日本、中国台湾、美国加州圣安德烈斯断层区等著名的地震活动区。第二个地震带是从地中海到喜马拉雅的欧亚地震带，其上地震分布的特点是比较分散，不像环太平洋地震带那么集中，那么有规则，欧亚地震带约占全球地震的15%左右。第三个地震带是沿着各大洋中脊分布的洋脊地震带，约占5%。全球地震的这种成带分布可以用板块学说来解释。板块学说认为，地球的岩石圈是由若干刚性块体组成的，板块内部相对比较稳定，各板块之间则发生俯冲、碰撞、剪切等多种作用，正是板块之间的相互运动造成了地震的孕育和发生，所以大多数地震都分布在板块的边缘地区。全球的地震基本上分布在这三个地震带上，但仍有约10%的地震不是那么有规律，而是分布在这些地震带之外、离板块边界相当远的地方，这就是所谓的"板内地震"，典型的如美国的新马德里地震带，它远离板块边界，却频繁发生大地震，中国大陆发生的地震多属"板内地震"，其发生机制仍然是个未解之谜。

中国现代地震仪器观测始于19世纪末期。日本侵占台湾省后，在1897年建立了台北地震台，以后，又陆续建立了台南台（1898）、台中台（1902）、台东台（1902）、恒春台（1907）。1904年法国教会所属的上海徐家汇观象台增

全球强震分布与板块构造

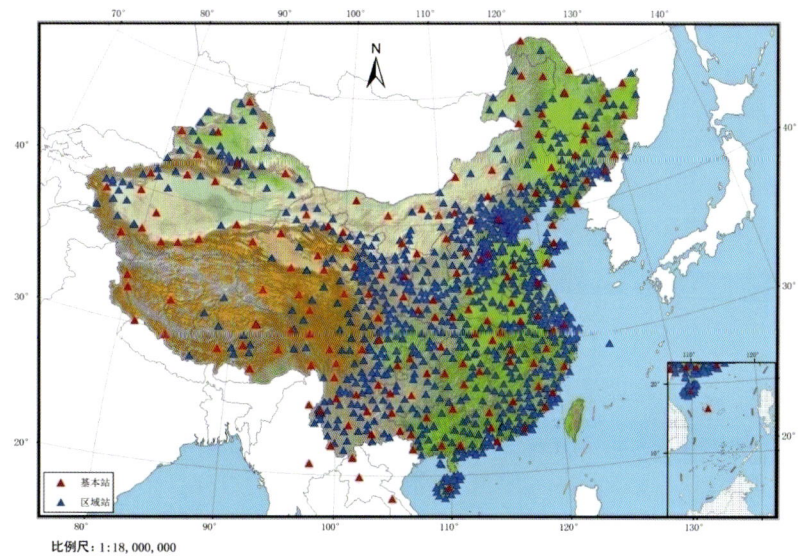

中国地震台分布图（2017，来源：www.csndmc.ac.cn）

设了地震仪,建立了中国大陆第一个地震台。中国人自己建立的第一个地震台,是李善邦先生等1930年在北京建的鹫峰地震台,从1930年冬到1937年抗日战争爆发为止,共记录2 472次地震。目前我国实现数据汇集和交换的测震观测站有1 107个,其中基本站有166个,区域站941个。

利用全国基本站和区域站构成的中国测震台网对国内地震的现有地震监测能力如下:首都圈地区达到M_L 1.0以上,东部大部分区域达到M_L 2.0以上,西部大部分区域监测能力达到M_L 2.5以上,西藏、新疆部分人口稀少区域监测能力达到M_L 3.5以上,全国大部分地区地震监测能力达到M_L 2.5以上(中国地震局监测预报司,2017)。

在中国的地震震中分布图上可以看到,震中分布有的地方密,有的地方稀,分布的规律远不如海洋地震那样有规律。这正是大陆地震与海洋地震不同的地方。按照地震分布的密集程度,同时,考虑到地质背景,也可以像海洋一样,划分出一些地震带来。例如,非常明显的一条南北地震带,它北起阿拉善地块,经山丹、民勤、银川与秦岭相遇,然后从天水,沿岷江上游而下,至怒

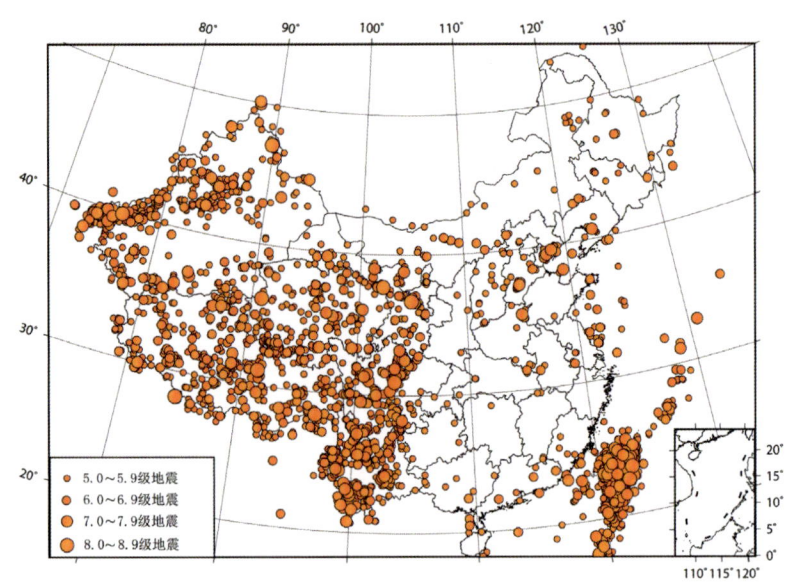

1900年以来中国大陆及周边5级以上浅源地震震中分布图
(中国地震局监测预报司,2017)

江、澜沧江,直到云南西部,全长2 000多千米。又如,另一条是华北地震带,它始于西安附近,经华县,进入汾河河谷,再经临汾、太原、大同转而向东,过蔚县、怀来、延庆,直到渤海。中国大陆的地震震中分布比海洋要分散得多,这意味着,中小地震在大陆各地随机发生的可能性,比海洋要大得多。

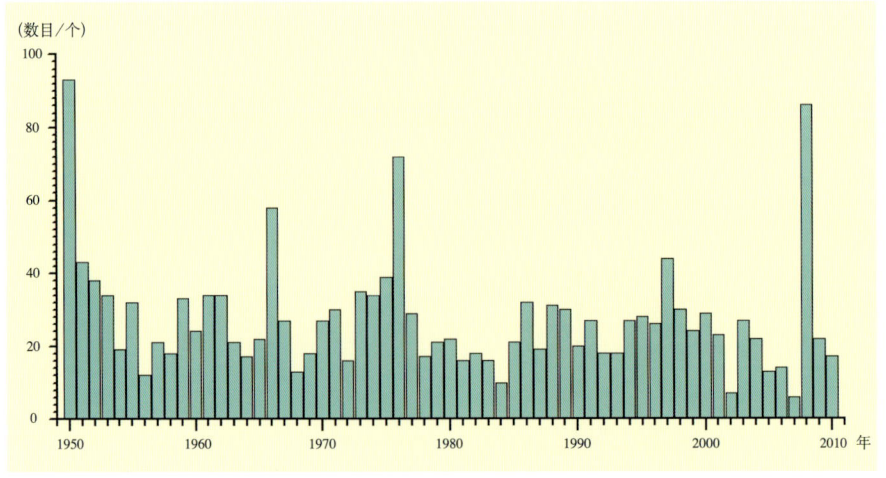

1950—2010年间中国大陆每年5级以上地震数目

■ 地震的频度

美国科学家恩达尔等(Engdahl et al.)统计了全世界各国的地震记录结果，发现：从1900年以来，7级地震的记录是完备的；1930年以来，6.5级地震的记录是完备的；1964年以来，5.5级地震的记录是完备的。下表是他们的统计结果：

恩达尔等20世纪（1900—1999）地震数目统计

震级	全球	中国（大陆）
9.0～9.2	2	
8.0～8.9	79	3
7.0～7.9	1607	59
6.0～6.9	5260	122

来源：Engdahl B et al., Global Seismicity:1900-1999, in Lee W H K edited "International Handbook of Earthquake and Engineering Seismology" Part A, Amsterdam :Academic Press, 2002

以上的统计不仅让我们获得了地球上一年发生多少次地震的概念，而且还告诉我们关于大小地震之间的频度的关系。地震有大有小，那么到底是大的多还是小的多呢？从上面的表中可以看到，小地震比大地震要多，即震级越大地震数目越少。实际上，这种多少是有一定比例关系的，即9级地震数目与8级地震数目的比值约等于8级与7级地震数目的比值，也约等于7级与6级地震的比值，依此类推下去。有趣的是，这种现象我们在自然界中遇到了很多，比如说，千年一遇的洪水与百年一遇的洪水数目的比值等于百年一遇的洪水与十年一遇数目的比值；还有天上的星星中一等星与二等星数目的比值等于二等星与三等星数目的比值，等等，这些比值都是比例常数，都存在一个幂指数关系，这好像是自然现象的一个共同规律。而在地震学中这个现象发现得很早，这就是著名的古登堡-里克特关系(G-R关系)，即若以$N(M)$表示震级大于或等于M的地震数目，则$N(M)$与M之间有幂指数关系：

$\lg N(M) = a - bM$（其中a、b为常数）。

从古登堡-里克特关系中可以推出$N(M+1)/N(M) = k$（k为常数）。

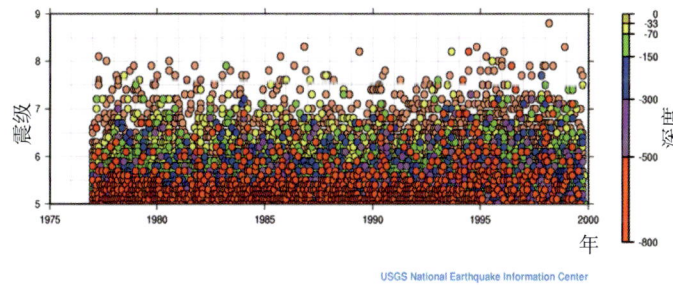

美国地震信息中心（NEIC）给出的地震大小和地震数目的关系图。图中的颜色代表地震的震源深度。从图中可以看出，地震越大（震级越高，图的左方是震级坐标），这种震级的地震数目越少；反之，地震越小（震级越低），这种震级的地震数目越多。图的右方给出从地面到地下600km的不同深度发生的地震。图中的横坐标代表年份，地震越小，数目越多的规律，似乎与年份无关

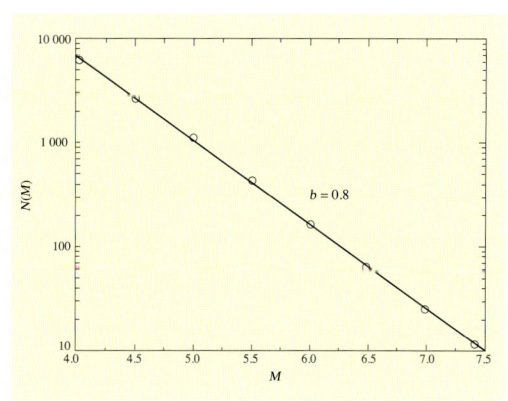

中国大陆1970—2000年发生的震级大于或等于M的地震数据$N(M)$与地震震级M的关系：$\lg N(M) = a - bM$。其中a，b为常数：$a = 6.9$，$b = 0.8$

地震灾害

■ 国外几次大地震

世界上的一些重大地震灾害

日期	国家和地区（震级）	死亡人数	经济损失（亿美元）
1755	葡萄牙里斯本	70 000	
1906	美国旧金山（8.3）	60 000	>5
1923	日本关东（8.9）	140 000	
1964	美国阿拉斯加（9.2）		
1994	美国北岭（6.8）	55	400
1995	日本阪神（6.8）	6 348	>1 000
2001	印度古吉拉特邦（7.7）	>14 000	>45
2003	伊朗巴姆（6.5）	41 000	
2004	印度尼西亚苏门答腊（8.9）	300 000	

回顾世界近代史大国崛起的历史，葡萄牙是靠航海崛起的第一个国家，中央电视台《大国崛起》的第一集讲的就是葡萄牙。1755年里斯本大地震是崛起大国葡萄牙衰落的重要原因

　　1755年11月1日，传统的宗教万圣节，里斯本全城的居民走上街道，进入教堂，欢庆节日。9:40左右，地面强烈摇摆，并发出打雷般的巨大声响，一直持续了2～3分钟，这次地震摧毁了许多房屋、教堂和公共设施。特别指出的是教堂，教堂多由巨大石块建成，坠落的石块砸向了街道上和教堂里无处可躲的人群。节日里点燃的蜡烛和油灯，也引发了不断的火灾。一个小时后，第二次地震再次袭击了里斯本，震动更强烈，但持续时间比第一次地震要短。慌乱中，许多人跑向海边，他们可能感

18世纪，葡萄牙首都里斯本更是世界上最繁华的城市，是贸易、金融和文化的中心（http://en.wikipedia.org/wiki/1755_Lisbon_earthquake）

1755年11月1日，里斯本近海大地震产生的海啸袭击了北塔古斯河岸（North Tagus River）。这次发生在万圣节的大地震，使里斯本25万居民中的7万余人丧生

到海边更加安全。没想到的是，地震引发了海啸，10m高的海浪从海里冲向陆地，把沿岸几千米的船只和车辆全部冲垮，海浪退去时，把沿途的人群和垃圾全部带回大海中。

里斯本地震造成了极为巨大的灾害，25万人的城市居民中有7万余人丧生。不仅是生命，还有财产的损失。里斯本的图书馆藏有全世界文化的精品，航海地图、中世纪的艺术珍宝（意大利Coreggio和荷兰Rubens等大艺术家的绘画）都毁于这次地震。

1755年里斯本地震影响到西方的文化，特别是西方哲学。法国的哲学家伏尔泰（Voltaire）亲身经历了此次地震。他以这次地震为名，写了题为"里斯本地震（The Lisbon Earthquake）"的诗，讨论世界哲学史上的一个永恒的话题：人和自然。是人定胜天？还是听天由命？他感叹道：自命不凡的人类在巨大的天灾面前更多呈现出的是无力感

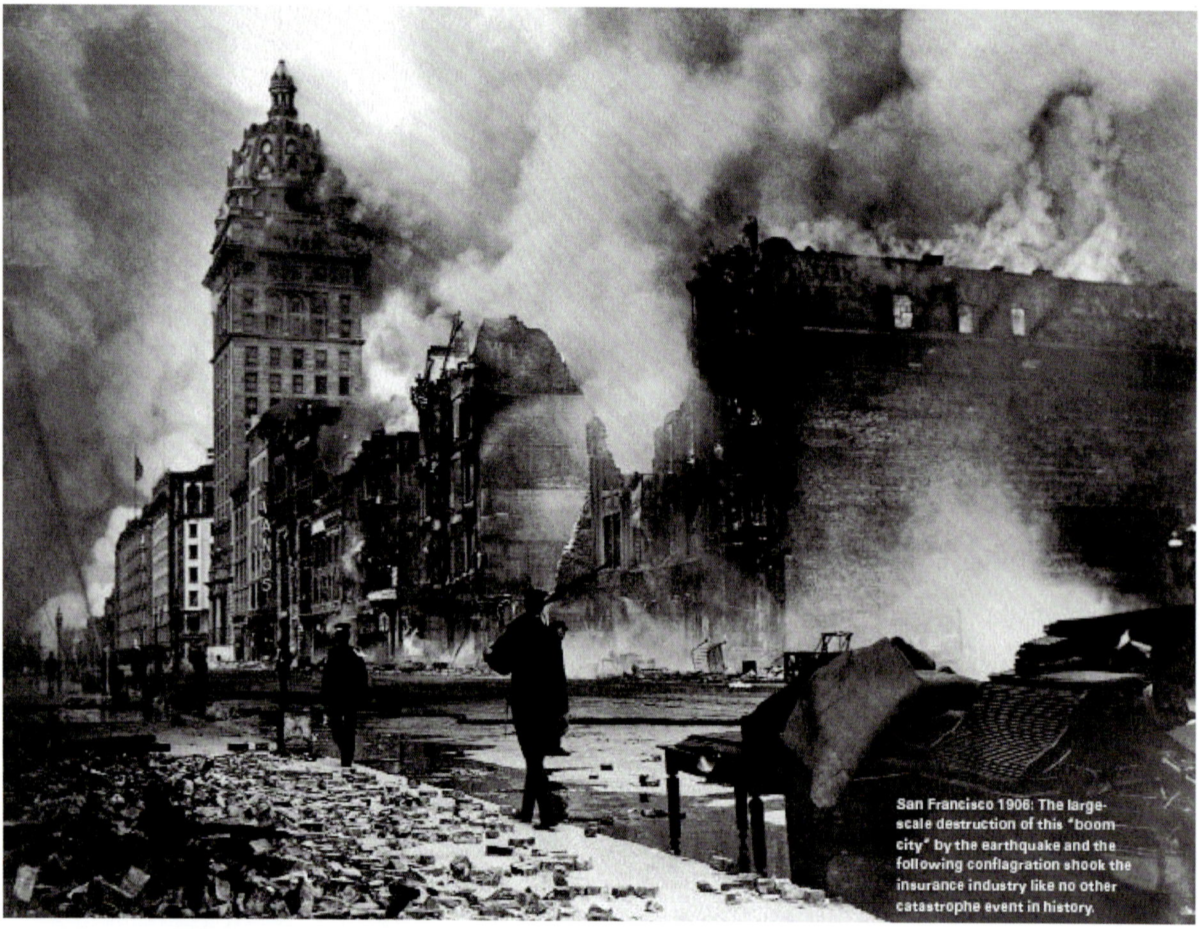

1906年4月18日清晨5时20分，美国旧金山（38.0˚N，123.0˚W）发生8.3级地震，60 000余人遇难。震时全城起火，社会秩序一度混乱，抢劫杀人等恶性事件多有发生。全市进入紧急状态。近10万人逃离城市，经济损失超过5亿美元（来源：San Francisco Public Library (http://sfpl.org/news/earthquakephotos/images/aaa-4772.jpg)）

PROCLAMATION BY THE MAYOR

The Federal Troops, the members of the Regular Police Force and all Special Police Officers have been authorized by me to KILL any and all Persons found in Looting or in the Commission of Any Other Crime.

I have directed all the Gas and Electric Lighting Co.' s not to turn on Gas or Electricity until I order them to do so. You may therefore expect the city to remain in darkness for an indefinite time.

I request all citizens to remain at home from darkness until daylight every night until order is restored. I WARN all Citizens of the danger of fire from Damaged or Destroyed Chimneys, Broken or Leaking Gas Pipes of Fixtures, or any like cause.

E. E. SCHMITZ, MAYOR

Dated, April 18, 1906

市长令

我授权联邦军队，各种警察可以开枪射杀进行抢劫或其他趁火打劫的任何人。

我已命令所有的煤气和电力公司停止供气和供电。

我下令宵禁，要求所有居民晚上呆在家中，不要外出。

我提醒全体居民注意火灾，特别留意那些破坏的烟囱和管道。

市长 SCHMITZ

1906年4月18日

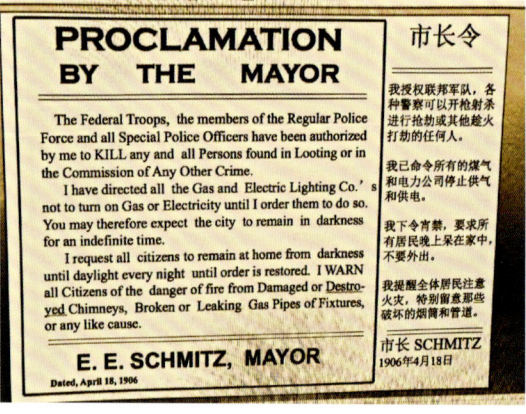

1906年4月18日旧金山发生8.3级地震，市长当天签署并发布了紧急的《市长令》，全城进入非常时期，用非常手段维持社会秩序

1923年9月1日中午，日本东京附近（35.0˚N，139.5˚E）发生7.9级强烈地震，被称为关东大地震。50万座建筑物被毁，14.3万人死亡，20万人受伤，50万人无家可归。地震引起全城大火，同时还引起了严重的滑波和泥石流

（来源：SiberHegner（http://www.japan-guide.com/a/earthquake2/））

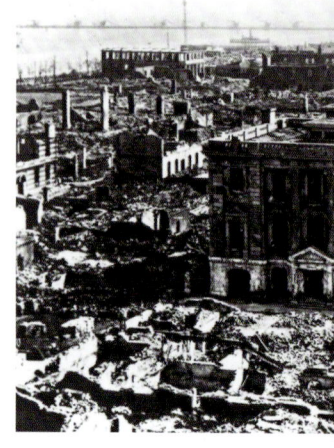

1994年1月17日清晨4时31分,洛杉矶西北35km的北岭市(34.9°N,118.8°E)发生6.8级地震,死亡55人,受伤7 000余人,直接经济损失200亿美元,是迄今为止美国历史上损失最严重的地震。令人深思的是:损失最重的地震并未发生在科学家事先预料的圣安德烈斯断层上。认为最危险的地方没有发生大地震,认为比较不危险的地方却发生了大地震。美国近期最大的地震发生在1964年的阿拉斯加,震级为9.2。这次地震发生时,阿拉斯加地区的太平洋洋底在3分钟后滑动了20m,并且将一艘老的轮船的残骸掀出了水面(来源:J. Dewey, USGS, DK, 地理百科全书, P34)

阪神地震时交通设施受到严重的破坏

2001年印度古吉拉特邦7.7级地震是迄今为止印度记录到的最大的板内地震之一，也是印度历史上伤亡最惨重的地震之一，估计死亡总数达13 000人。造成的经济损失也使印度经济受到了沉重的打击。同样令人深思的是，伤亡最严重的地震却发生在印度区划图的低烈度地区
（来源：Paras Shah, AP；Enric Marti，AP）

美国北岭地震一年后，1995年1月17日日本阪神地震发生了。这是地震时金属结构的高架桥破坏的照片。这次地震使得大阪和神户的金融、信息和物流中心的功能受到严重影响，这方面的经济损失高达500亿美元之多。而这次地震造成的建筑物和设施破坏等工程损失只有480多亿美元。这是地震灾害史上，地震灾害的软损失（商业中断，金融、信息和物流中心的功能受到影响）第一次超过硬损失（工程损失）
（来源：Dr. Roger Hutchison，NGDC/NOAA）

巴姆（Bam）城坐落在伊朗的东南面，是一座重要的历史古城。这座城市的重要特色在于它的所有建筑都是用泥土砖块、黏土、干草和木头建构而成。这座城市建于公元224年，久经战火，但一直屹立到 2003 年12 月26 日。巴姆位于"丝绸之路"的旁边，被誉为卡维尔盐漠中的"翡翠"，令众多电影导演和游客为之着迷（资料来源：新华网）

2003年12月26日清晨，天还未亮，伊朗巴姆城（震中位置29.0°N，58.3°E）的民众都还躲在被窝中熟睡。突然间，天摇地动，以土砖建成的楼房如积木般垮下。顿时，整座城市烟尘弥漫，哀鸿遍野，数万名镇民被压在碎瓦之中。地震瞬息消逝。尘埃落定后，巴姆已是一城废墟，等待着黎明的到来。27日，IKONOS卫星获得了这张卫星图，图中可以看到巴姆城的破坏。据报道，70%的建筑在这次地震中倒塌（来源：新华网 http://news.xinhuanet.com/ziliao/2003-12/31/xinsrc_1b4b30925e274e5e99334e8961422bee.jpg）

震后的巴姆城几乎被夷为平地。原9万人口，4.1万死亡，2万余人受伤，无人有家可归。图为一名神职人员在为死难者祷告
（来源：http://news.xinhuanet.com/photo/2003-12/28/xinsrc_c044af8737ea40dfbe6f676d93221211_1228_007_0.jpg）

等待救援的无家可归的受灾儿童

中国的大地震

以下重点介绍5个中国的地震。

中国的一些重大地震灾害

日期（年）	国家和地区（震级）	死亡人数	经济损失（亿美元）
1920	宁夏海原（8.5）	200 000	
1966	河北邢台（7.2）	8 000	
1975	辽宁海城（7.3）	1 328	
1976	河北唐山（7.8）	240 000	
2008	四川汶川（8.0）	70 000	

翁文灏等6人前往地震灾区考察，这是震后79天拍的灾区照片

1920年宁夏海原地震——中国地震现场考察的开始

1920年12月16日，宁夏（当时属甘肃）海原发生8.5级特大地震，伤亡和损失极其严重。除直接死于房屋、窑洞倒塌者外，更有大量居民因缺少救济和医疗死于饥寒和瘟疫，约有20万人丧生。据地方志记载，地震时"山崩地裂，房屋倒塌，一切荡然无存"，震中地区"车惊马奔，轰声震耳，土雾弥天，物品如人乱扔"。灾情惊动了全国上下。当时的《中国民报》记载了震后的悲惨场面："清江驿以东，山崩土裂，村庄压没，数十里内，人烟断绝，鸡犬绝迹。"死亡在万人以上的有6个县。其中以震中海原县最严重，达7万人，占全县总人数的一半以上。地震造成自甘肃景泰兴泉堡至宁夏固原县硝口长达215km的巨大破裂带，至今仍清晰可辨。海原地震的滑坡数量多，规模大。滑坡堵塞河道，形成众多的串珠状堰塞湖。中外近百个地震台都记录到了这次能量巨大的地震，这次地震被称为"环球大震"。

地震发生在十几千米的地下，巨大的能量释放导致了地面大量裂缝的产生，产生的地面裂缝可将大树劈开。可见地震能量之巨大当时的地质调查所所长翁文灏亲自带队,和谢家荣等6人前往现场调查,写出了《甘肃地震考》《民国九年十二月甘肃地震报告》等论文。在报告中写道"民众多穴居黄土坡内,宜劝民众建筑时,多用木柱梁柱相维,庶能支持"。翁文灏所长认识到,地震现象不能只由地质学家通过宏观考察进行研究,还需要设立地震台进行观测,以便应用物理方法研究地震的本质。于是,他安排李善邦于1930年在北京西山的鹫峰建立了地震台,该台自1930年冬到1937年抗日战争爆发为止,共记录2472次地震。这是中国人自己建立的第一个地震台。

1966年河北邢台地震——地震预报实践的开始

1966年3月8日凌晨,河北省邢台地区隆尧县发生6.8级强烈地震。紧接着3月22日,在稍北的邢台地区宁晋县再次发生7.2级强烈地震。两次地震共有8 000余人丧生,4万余人受伤。这是1949年后首次发生在人口密集地区、人员伤亡和财产损失最为严重的一次地震。

这次地震灾情严重,除震区人口密集外,还有两个特别原因。第一个是地基。邢台地区位于河北省南部,以西是太行山及山前地带,东部为巨厚的沉积平原,古河道密布,黄土沉积层很厚,地下水很浅,是有名的涝洼盐碱地区。因而该地区地基土壤饱含水分,加重了地震对建筑物的破坏。第二个是房屋特点。当地农村多为土坯房屋,房顶巨厚,秋季可以在房顶上晒粮食,用石碾子脱粒,毫无一点抗震措施。这些因素的综合作用使邢台地震造成的损失极为严重。前后两

1966年3月8日凌晨,河北省邢台地区隆尧县发生6.8级强烈地震。3月22日,邢台地区宁晋县发生7.2级强烈地震,这是1949年后发生在人口密集地区的一次严重地震,极震区出现大量地裂缝

邢台地震后,中国开始了地震预报的实践。建成了中国第一个遥测台网,成立了全国性的地震工作机构,建立了地震会商制度。图中记录的是地震后在邢台建立的第一个地震综合观测台站——红山地震台,科技人员正在用石头垒出"红山"两个大字

次地震的震中烈度分别达到Ⅸ度和Ⅹ度。地震造成了京广线铁路中断，其影响波及北京、天津、河北、山西、山东等省市。

极震区地形地貌变化显著，出现大量地裂缝、滑坡、崩塌、错动、涌泉、水位变化、地面沉陷等现象，喷水冒沙现象普遍，最大的喷沙孔直径达2m。地下水普遍上升2m多，许多水井向外冒水。低洼的田地和干涸的池塘充满了地下冒出的水。淹没了农田和水利设施。地面裂缝纵横交错，延绵数十米，有的达数千米。

中国地震工作者很早就对1920年的海原地震、1954年山丹地震进行过科学考察，对大地震前的地震活动和前兆现象进行过研究，但是真正意义上的中国地震预报科学实践却是从邢台地震开始的。

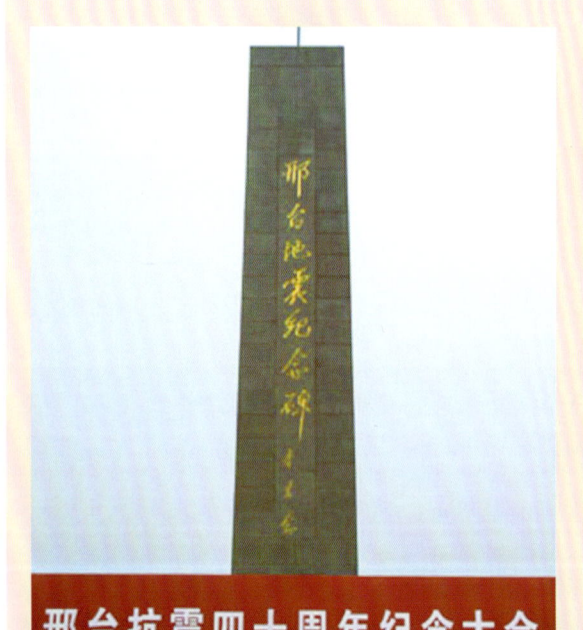

邢台地震纪念碑，碑文如下：一九六六年三月八日五时二十九分及二十二日十六时十九分，我区隆尧县白家寨、宁晋县东汪先后发生六点八级和七点二级强烈地震，震源深度十公里左右，震中烈度为九度强和十度，波及百余县、市，尤以隆尧、宁晋、巨鹿、新河为烈。震前，地光闪闪，地声隆隆。随后大地颠簸，地面骤裂，张合起伏，急剧抖动，喷黄沙、冒黑水。老幼惊呼，鸡犬奔突。瞬间，五百余万间房屋夷为墟土，八千零六十四名同胞殁于瓦砾，三万余人罹伤致残，农田工程、公路、桥梁悉遭损毁。灾情之重实属罕见，伤亡惨状目不忍睹。

震后，周恩来总理冒余震之险三次亲临现场，体察灾情，面慰群众，提出"自力更生、奋发图强、发展生产、重建家园"之救灾方针。李先念副总理暨中央慰问团亦即赶来，抚民心，励自救。党中央、国务院之深切关怀，使灾区人民没齿难忘。

省、地、县党政领导亲临现场指挥抗震救灾，组织发展生产，帮助灾民重建家园。

一方有难，八方支援。两万四千名中国人民解放军指战员星夜奔来，舍生忘死，排险救人，十指淌血活民命于绝境，搭棚架屋，废寝忘食而助民以安居，诚谓德高齐天。来自京、津、沪、石等市七千医护人员，含辛茹苦，救死扶伤，实乃情深若海。全国各族人民莫不伸出友谊之手，纷纷投函致电，捐款赠物，运来灾区的衣食用品、生产物资，难以数计。

对此，灾区人民无不感激涕零，由衷呼出"天大地大不如党的恩情大，千好万好不如社会主义好！"并化悲痛为回天之力，重整山河、创业建功。废墟举处，当年即粮棉丰登，新房排排，新村片片。

在周总理的亲自指挥下，三十多个科研单位、五百五十余名科技人员先后赶到地震灾区，进行我国有史以来规模最大的地震现场考察实验。从此，前所未有的地震预测预报工作在我国广为开展，专群结合，多路探索，使我国地震队伍迅速发展壮大，地震研究工作居于世界领先地位，邢台大地震堪为我国地震史上之里程碑。

抚今追昔，倏已廿载。如今灾区已是人笑年丰，地换新颜。然地震之惨痛教训，亲人之所遭不幸，终不能忘怀，党予人民救命之恩情，群众抗震卓绝之精神，永刻骨铭心。值此地震廿周年之际，特立此碑，以追怀亡者，激励今人，垂教后人。

1975年辽宁海城地震——第一次成功的地震预报

1975年2月4日19时36分，我国东北部地区海城市及附近地区发生7.3级地震，波及9 000km²，震区地动山摇，海城境内2 734km²顷刻间房屋倒塌，受灾人口达800余万。这次地震发生在人口稠密、工业发达的地区，使工矿企业、交通、电力和水利设施以及民房等遭到了不同程度的破坏。震区房屋倒塌达90%以上，按通常估计死亡人数会有10万人，由于成功的地震预报，数百万受灾人口中仅殁1 328人。

海城地震预报30周年纪念碑

广为报道的1975年中国海城7.3级地震四阶段预报（长期、中期、短期和临震），曾令世界上许多人为之振奋。但因为当时的文件没有公布，而且预警发布详情也没有描述，海城地震的预报过程一直显得神秘。王克林和陈棋福等通过对已解密的文档资料的研究和与主要见证人的访谈，重现这一重要历史（Wang et al., BSSA, 96(3), 757–793, 2006）。他们的研究报告中关于海城地震的预报情况是这样写的："海城地震前有两次正式的中期预报，但未正式发布短期预报；地震当天，有一个县政府发布了具体的疏散令，而辽宁省地震工作者和政府官员的行动在实效上也构成了临震预报。上述行为拯救了成千上万的生命，但震区当时的建筑方式和傍晚发震的时间亦有助于减少地震的伤亡。灾区各地疏散工作极不均衡，由最低层的行政部门作出应急决策的情况较为常见。最重要的临震前兆是前震活动，但诸如地形变异常、地下水水位、颜色和化学成分的变化以及动物异常也起了一定的作用。"

1975年辽宁海城地震的预报拯救了成千上万的生命

1976年河北唐山地震——20世纪死亡人数最多的地震,预报受到挫折

1976年河北唐山发生7.8级地震,灾害极为严重。

唐山市地处华北平原,自1966年邢台地震后,唐山市附近建立了许多地震台。然而,这些台站在唐山地震之前并未观测到类似1975年海城地震的前兆现象,未能对唐山地震做出预报。地震预报的探索受到了挫折。

如果我们把占一次地震灾害损失90%的时间和空间定义为造成地震灾害的时间和空间,全球20世纪的统计资料表明,100年内全世界所有地震造成灾害的时间不到1个小时,所有地震造成灾害的空间不到地球表面积的万分之一。因此,巨大的地震灾害发生在短暂的瞬间和非常局限的空间,这是地震灾害的显著特点,也是地震灾害有别于其他自然灾害之处。

24万余人在唐山地震中丧生。在这场规模空前的灾害救治行动中,人们也获得了不少经验和启示:大地震、大灾害后,社会存在短时间的无政府状态,尽快恢复社会秩序,采取非常措施保持社会稳定,对于有效救灾十分重要,争分夺秒对于救治伤员十分关键,事实表明,大地震发生后的第一个24小时是抢救伤员的黄金时间。要树立"小灾靠自己,中灾靠社区,大灾靠国家"的救灾意识(联合国在21世纪初提出的救灾口号是:发展以社区为中心的减灾策略),这种意识在最大限度减轻灾害方面是很有效的。

1976年河北唐山地震——20世纪死亡人数最多的地震,地震预报的探索受到挫折

唐山市中心的地震破坏情况

唐山地震时滦河大桥被破坏,天津至唐山的交通中断

唐山地震对工厂的破坏情况

　　唐山地震纪念碑。于1986年建成，碑名是前中共中央总书记胡耀邦题写的。纪念碑高76m，寓意1976年那个刻骨铭心的日子；纪念碑由四根棱柱组成，柱子的四个平面、八根平面交界线寓意四面八方，以纪念唐山地震后来自四面八方的支援。纪念碑碑文如下：

　　唐山乃冀东一工业重镇，不幸于一九七六年七月二十八日凌晨三时四十二分发生强烈地震。震中东经一百一十八度十一分，北纬三十九度三十八分，震级七点八级，震中烈度十一度，震源深度十一公里。是时，人正酣睡，万籁俱寂。突然，地光闪射，地声轰鸣，房倒屋塌，地裂山崩。数秒之内，百年城市建设夷为墟土，二十四万城乡居民殁于瓦砾，十六万多人顿成伤残，七千多家庭断门绝烟。此难使京津披创，全国震惊，盖有史以来为害最烈者。

　　然唐山不失为华夏之灵土，民众无愧于幽燕之英杰，虽遭此灭顶之灾，终未渝回天之志。主震方止，余震仍频，幸存者即奋挣扎之力，移伤残之躯，匍匐互救，以沫相濡，谱成一章风雨同舟、生死与共、先人后己、公而忘私之共产主义壮曲悲歌。

　　地震之后，党中央、国务院急电全国火速救援。十余万解放军星夜驰奔，首抵市区，舍死忘生，排险救人，清墟建房，功高盖世。五万名医护人员及干部民工运送物资，解民倒悬，救死扶伤，恩重如山。四面八方捐物赠款，数十万吨物资运达灾区，唐山人民安然度过缺粮断水之绝境。与此同时，中央慰问团亲临视察，省市党政领导现场指挥，诸如外转伤员、清尸防疫、通水供电、发放救济等迅即展开，步步奏捷。震后十天，铁路通车；未及一月，学校相继开学，工厂先后复产，商店次第开业；冬前，百余万间简易住房起于废墟，所有灾民无一冻馁；灾后，疾病减少，瘟疫未萌，堪称救灾史上之奇迹。

　　自一九七九年，唐山重建全面展开。国家拨款五十多亿元，集设计施工队伍达十余万人，中央领导也多次亲临指导。经七年奋战，市区建成一千二百万平方米居民住宅，六百万平方米厂房及公用设施。震后新城，高楼林立，通衢如织，翠荫夹道，春光融融。广大农村也瓦舍清新，五谷丰登，山海辟利，百业俱兴。今日唐山，如劫后再生之凤凰，奋翅于冀东之沃野。

　　抚今追昔，倏忽十年。此间一砖一石一草一木都宣示着如斯真理：中国共产党英明伟大，社会主义制度无比优越，人民解放军忠贞可靠，自主命运之人民不可折服。爰立此碑，以告慰震亡亲人，旌表献身英烈，鼓舞当代人民，教育后世子孙。特制此文，镌以永志。

　　笔者（陈颙）是唐山地震后最先进入唐山的地震工作者之一，并在唐山地震现场工作了一个多月——一场巨大自然灾害后最难忘却的一个月。作为一名当时在最基层工作的科研人员，经历和看到了许多事情。

　　地震后，我立即赶往唐山。从北京到唐山这一路给我的感觉是：地震的破坏就像扔了颗炸弹，破坏程度严重但破坏空间却非常局限。出发后100km内，我没有看出沿途的农村房屋受多大程度的破坏，但是一进到距唐山20多km的丰润地区，情况就出现了变化——路边的砖房开始开裂。由此可以看出，唐山地震虽然造成了巨大破坏，但破坏最严重区域的半径也就在20km左右。天津、北京市也遭到不同

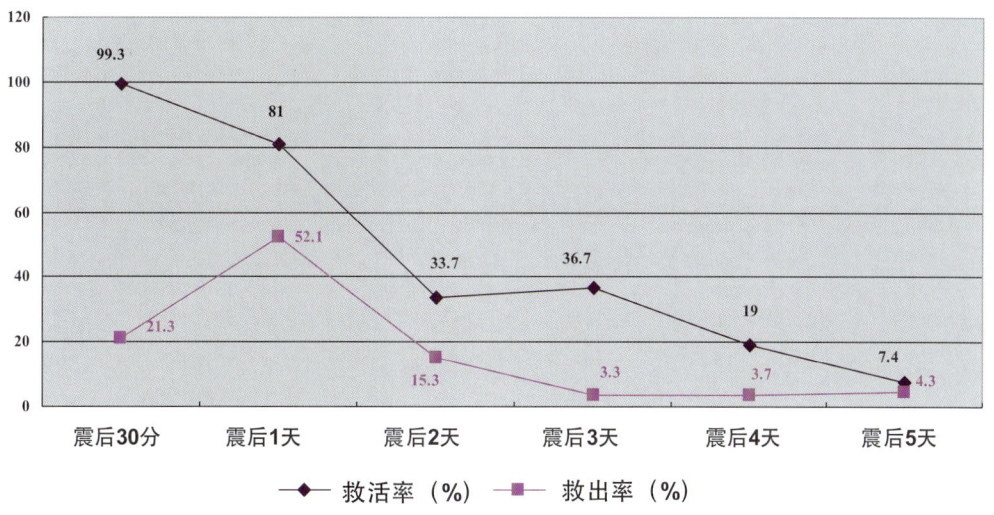

争分夺秒对于抢救伤员十分重要,交通堵塞极大地妨碍了伤员救治

程度的破坏,但主要是对高层建筑,对老百姓民房的破坏还是很有限的。

从丰润再往唐山,情况就惨不忍睹了。整个唐山市变成了一片废墟。很多幸存者沿着马路呆呆地坐在废墟堆边,没有声音也没有眼泪——他们的眼泪早已哭干了。一座房子倒了会产生很大的灰尘;一座城市倒了,却不知道会扬起多高、多厚的灰尘?幸存者快变成黑人了,只有眼珠又大又白,满面的灰尘好像刚从土里钻出来。那是夏天的凌晨,很多百姓睡觉时都没有穿衣服,房屋倒塌后,无法从废墟中找寻自己的衣服,只好到附近的商店或别的地方抓来一件衣服。经常看得到这个街区的人们全都穿这种工作服,而另一个街区都穿那种工作服。唐山地委7名常委遇难,政府大楼也受到严重破坏。

震后,唐山的交通堵塞十分严重,抢劫等不良现象时有发生。很快,针对这种非常的情况采取了许多非常措施后,情况发生了根本性变化。第一,严格的交通管制。没有通行证的汽车一律不许进入唐山市;市内凡是两车相对堵塞马路又不相让的,毫不客气地将它们翻到路边的废墟里,腾出道路来。第二,严格的治安管理。街上的人特别是出城的人,凡是手上戴两个手表的,或是骑自行车且车架上拉有箱子的,都被认为有抢劫的嫌疑,一律扣留。这是在非常情况下必须采取的一些非常措施,任何重大灾害后都应这样做。

2008年四川汶川8.0级地震——1949年以来破坏力最大的地震

汶川地震，发生于2008年5月12日(星期一)14时28分，此次地震的震级达8.0、震中地震烈度达到XI度。地震波及大半个中国及亚洲多个国家和地区，北至辽宁，东至上海，南至港澳、泰国、越南，西至巴基斯坦，均有震感。

5·12汶川地震严重破坏地区超过10万km²，其中，极重灾区共10个县（市），较重灾区共41个县（市）。地震共造成69 227人死亡，37万余人受伤，近2万人失踪，直接经济损失达8 451亿元。是1949年以来破坏力最大的地震，也是唐山地震后伤亡最严重的一次地震。

印度洋板块向亚欧板块俯冲，造成青藏高原快速隆升导致地震。高原物质向东缓慢流动，在高原东缘沿龙门山构造带向东挤压，遇到四川盆地之下刚性地块的顽强阻挡，造成构造应力能量的长期积累，最终在龙门山汶川附近的北川－映秀地区突然释放。是逆冲、右旋、挤压型断层地震。

汶川地区多山，多川，山高谷深，地形陡峭，是频繁发生滑坡和泥石流的地区。汶川地震震动强度巨大，地震诱发作用是普通的降雨根本无法相比的，引起了严重的滑坡和土石流等地质灾害。规模大，数量多，影响严重，在世界地震灾害史上均是少见的。汶川地震最大的教训，是提醒人们重视"灾害链"的问题。

汶川地震北川县曲山镇受到破坏，烈度XI度
（新华社记者陈凯摄影）

汶川地震发生在陡峭的山区,地震引起了严重的诱发地质灾害。地质灾害造成的损失,可达总损失的1/3。必须重视地震灾害引起的灾害链

汶川地震灾害的一个特点,是地震引发了严重的灾害链。震中地区的北川中学被山上滚落的巨石和泥石流掩埋了起来

汶川地震造成了对交通系统的严重灾害。24条高速公路受到影响,161条国级、省级干线公路受损,8 618条乡村公路受损,受损公路总里程达31 412km,极震区15条干线损坏,20余县乡完全封闭,打通时间超过170小时。由于公路多系盘山路,余震不断,投资几十亿元的G213国道,修了断,断了修,几乎没有竣工的日子。

对汶川地震公路灾害的调查结果表明,隧道较路基和桥梁的抗震性和避防灾害的能力要好,无一隧道在汶川地震中完全塌陷,即使在高达XI度的极震区,修复后的受损隧道也能全部使用。山区公路隧道发挥了很好的减灾和避灾效果。(a)在汶川地震震中区的龙洞子隧道,经历了烈度高达X度的考验,轻微破坏,修复后仍可通行。(b)只是隧道一个出口被泥石流掩埋,简单处理后不影响使用

(a) (b)

对汶川地震公路灾害的调查结果表明，相比路基和桥梁，隧道表现出较好的抗震性和避防灾害的能力，在汶川地震中，无一隧道完全塌陷，即使在高达XI度的极震区，受损隧道修复后也能全部使用。山区公路隧道发挥了很好的减灾和避灾的效果。

汶川高山峡谷型的地貌在西部具有代表性，这种地貌在学科上被称为阿尔卑斯地貌。中国科学院地学部考察和调查了欧洲阿尔卑斯地貌的意大利和奥地利等国发现，山区公路隧道在减轻诸如滑坡、泥石流和地震等自然灾害方面有着广泛的应用。它的好处有：

■ 明线的抗灾能力弱，隧道的抗灾能力强。

■ 明线不仅占用山区宝贵的耕地，对生态环境影响也很大；隧道基本不占用耕地，对生态环境影响较小。

■ 随着技术进步，山区公路隧道与明线的造价比显著下降。

因此提出了"加强隧道公路建设，在规划中实现跨越式发展"的建议，并被地震后的重建工作采纳。

汶川地震的救灾表明，在复杂的环境下，获得真实的灾情非常重要，但又十分困难。

为纪念汶川大地震，经国务院批准，自2009年起，每年5月12日为全国"防灾减灾日"。

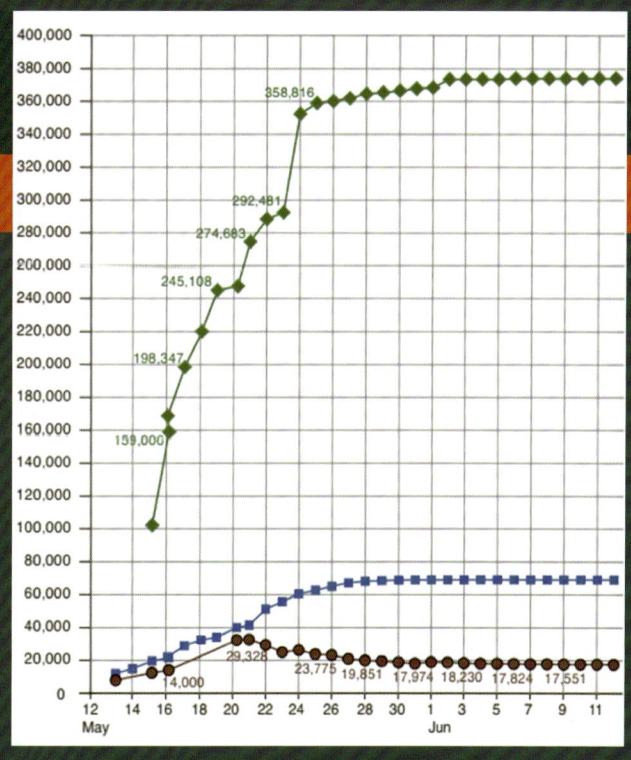

汶川地震后几天，人员伤亡数字的统计结果。图中纵坐标是伤亡人数，蓝色方块——死亡；绿色方块——受伤；棕色圆圈——失踪。震后2天得到的死亡数字为14 886，受伤数字是100 000；震后1个月的死亡数字为69 226，受伤数字为380 000

减轻地震灾害

中国不是世界上地震最多的国家,但地震灾害最为严重

根据国际地震中心(ISC)提供的地震目录,对1964—1998年间,中国、日本、伊朗、土耳其、新西兰、希腊等国家和台湾地区6级以上地震发生情况进行不完全统计,全世界发生地震次数最多的国家,前三名分别是印度尼西亚、美国和日本,中国大陆顶多排第五。包括台湾地区在内,中国的地震活动在全球也不是最多的。

1964年1月1日—1998年12月31日6级以上地震统计表

序号	统计区域	地震发生次数		总次数
		6.0~6.9级	大于7.0级	
1	印度尼西亚	647	21	668
2	美国	423	13	436
3	日本	223	22	245
4	智利	174	9	183
5	中国大陆	173	9	182
6	中国台湾	138	16	154
7	墨西哥	131	17	148
8	伊朗	63	12	75
9	印度	49	3	52
10	新西兰	46	3	49
11	土耳其	34	5	39
12	希腊	31	1	32

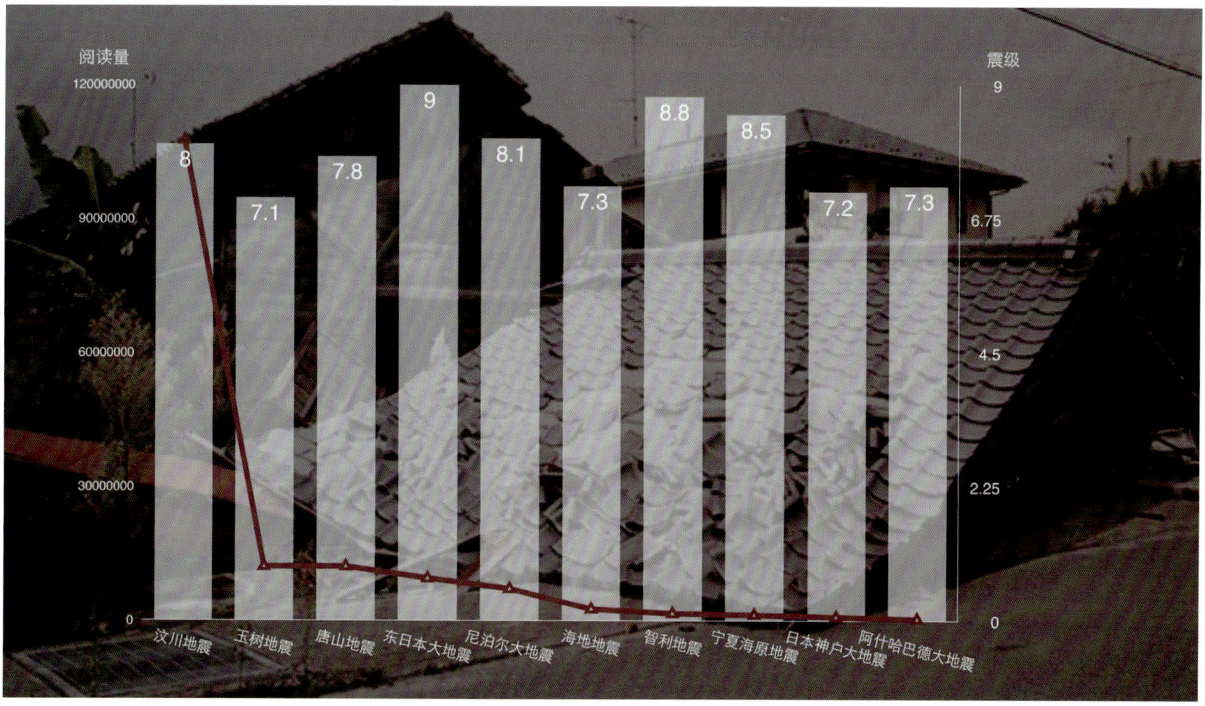

近百年来人类最关注的十次地震

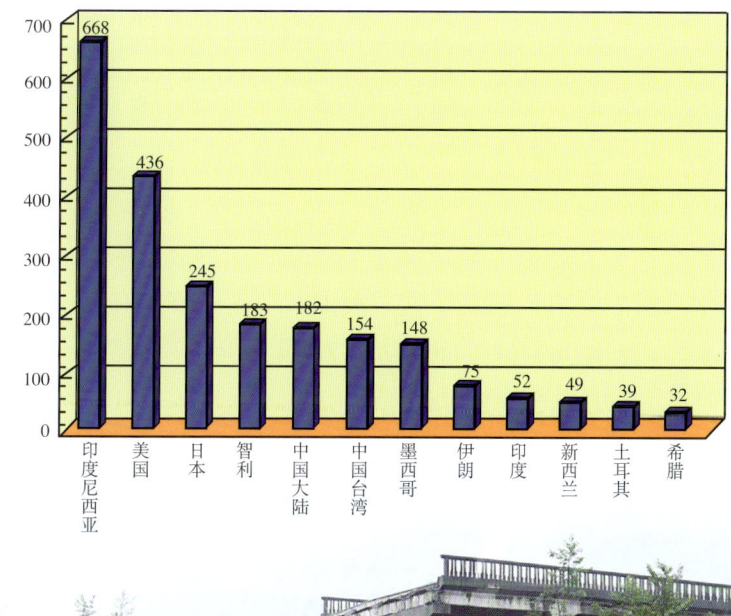

1964年1月1日—1998年12月31日部分国家和地区6级以上地震次数对比

尽管中国不是世界上地震最多的国家，但地震灾害最为严重。20世纪以来，全球因地震死亡人数是160万，而中国约60万。历史记载全球死亡超20万人的地震有6次，其中中国有4次。

如果放眼更长一点的时间，从历史上来看，中国的地震灾害更为严重。例如，人类历史上死人最多的地震就发生在中国，这是1556年陕西华县地震。

明史记载：1556年陕西地震导致83万人死亡

1556年（明·嘉靖）12月23日，关中大地震，震中在陕西华县、渭南、华阴一带。河北、安徽、湖南等地都波及影响，面积达90万km²，其中有28万km²属于破坏区。由于这次地震发生在午夜12时，正当人们熟睡之时，死伤惨重。当时的记载说"官吏军民压死八十三万有奇"。

为什么中国不是世界上地震最多的国家，但却是地震灾害最严重的国家呢？我们可以从三个方面分析其原因。

首先，全球地震大多数发生在海洋，对人类造成灾害的主要是发生在大陆的那些地震，中国的陆地面积仅为全球的1/14，但中国的大陆地震占全球大陆地震的1/4至1/3。20世纪地球科学板块理论的建立，使得人们对于海洋有了比大陆更多的了解。目前，科学家对大陆地震的认识远远比不上对海洋地震的了解。但是，光有这一点还不够。为什么同样的大陆地震发生在美国和日本，灾害比中国要小得多呢？

2003年，三次地震分别发生在日本、美国和伊朗。地震造成的死亡人数差别极大。

2003年发生在三个国家的地震造成伤亡人数的比较

	9月日本北海道近海 $M=8.0$	12月22日美国加州 $M=6.3$	12月26日伊朗巴姆 $M=6.6$
死亡	0	2	>41 000
受伤	500	100	>20 000

死亡人数差别极大的原因是这三个国家建筑物质量的不同。高质量建筑能化解地震灾害。一般来说，发达国家的建筑质量要比发展中国家好许多。

第三个原因是，在许多发展中国家，灾害意识差，依赖思想强。

上述三个原因中，第一个是自然方面的原因。唐山地震后，一位文学家写道："一座拥有百年历史的城市，只因地球瞬间颤动，就被夷为平地。骨肉之躯的创造者，钢筋混凝土的建筑群，在自然灾害面前显得那样不堪一击。人类只有这个时候，才真正感到自己力量的弱小。"目前，人们还无法阻止地震发生，人类必须做好"与灾共存"的准备，但认识、了解地球，趋利避灾，科学发展，构建和谐，是人类所面临的机遇和挑战。

上述三个原因中，后两个原因是人类自身方面的原因，我们完全可以做得更好，最大限度地减轻地震灾害。

高质量建筑能化解地震灾害

地震时人员伤亡主要是由建筑物倒塌造成的，因此，高质量的建筑能够有效地减少人员伤亡。

2010年1月12日，海地发生7.3级地震。由于经济欠发达，建筑质量很差，房屋倒塌极为严重，就连总统府的建筑也遭到破坏。建筑物的损坏造成近20万人死亡。

海地经济欠发达，建筑质量很差，2010年1月12日的7.3级地震后，房屋倒塌极为严重

1976年前，唐山是一座不设防的城市，房屋建筑设防标准过低，建筑质量较差，这些是唐山地震灾害损失之大的重要原因。幸运的是，政府从中吸取了教训，唐山大地震成为了中国防震减灾发展的新起点。在这之后，国家出台《建筑抗震设计规范》，建筑物的抗震能力开始得到越来越高的重视，各项防灾减灾技术应用得到了迅速的发展。

2001年国家颁布的GB 50011—2001《建筑抗震设计规范》的重要思想，就是保证"小震不坏，中震可修，大震不倒"。以北京为例，按照此标准建造的房屋，在地震烈度不超过Ⅶ度时，不坏；在地震烈度Ⅷ度时，出现轻微破坏，可以进行修复；在地震烈度达到甚至超过Ⅸ度时，建筑物可能破坏严重，但不倒塌，有效地保护了人民生命安全。不仅如此，2001年规范在我国引入了隔震、消能减震的规定，允许在有特殊使用要求和高烈度（Ⅷ，Ⅸ）地区的多层砌体、混凝土框架和抗震墙房屋中使用。

目前，我国新一代GB 18306—2015《中国地震动参数区划图》已于2016年6月1日起实施。这就是我国第五代地震区划图。在编制新区划图的过程中，考虑了中国大陆活动断层的分布特点与活动性质、地震类型与发生频率、地震动衰减关系等因素，确定了全国各地房屋、建筑、设备设施抗震设防的具体要求。新版地震区划图的实施，进一步提高了我国的抗震设防标准，提升了地震灾害预防能力。

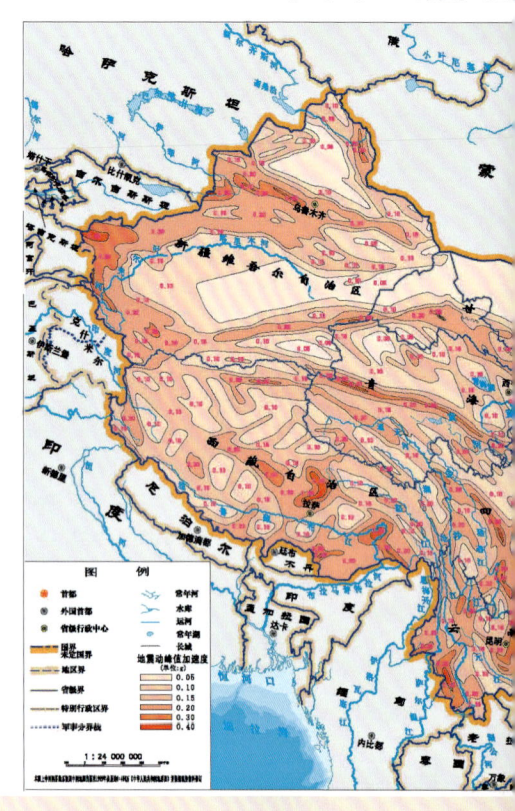

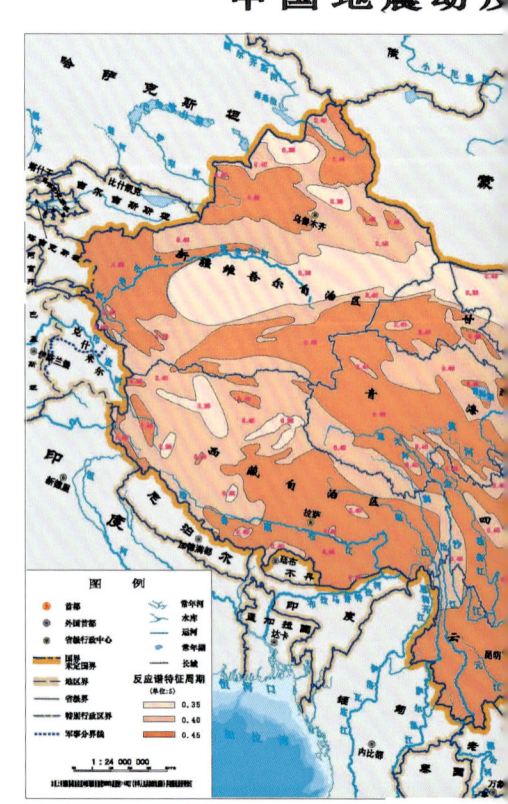

速度区划图

特征周期区划图

我国经济社会的快速发展，人财物高度集中，生命线工程越来越复杂，全社会对地震防灾减灾救灾提出了更高要求。超高层建筑、高速铁路、大型水库、核电站等越来越多出现在公众的生活中，这都让减轻地震灾害工作显得更加重要。全面认识和解决地震工程领域关键科学问题和技术难题，发展地震灾害控制和预防技术，提升城乡"地震韧性"水平，最大限度减轻地震灾害，为我国美丽中国建设和乡村振兴战略提供最直接、最有效的地震安全保障。

传统的抗震设计把地震作用看作是一种力，通过增大结构强度、刚度和延性的办法去承受地震作用。近年来兴起的结构抗震控制技术基本思想就是要千方百计地增大建筑的阻尼，以达到控制建筑在地震作用下振动的幅度和减轻震害的目的。地震要释放能量，地震释放的能量以波的形式往四周传递。在其影响范围内，地震以输入量的方式对建筑物造成影响，影响的具体表现为建筑物被激烈振动，甚至因剧烈振动而破坏。建筑物受激烈振动的剧烈程度与其阻尼有关，阻尼越大，建筑物对能量的吸收与消耗越大，振动越轻，反之越重。增大建筑阻尼的一种常用的方法是采用隔震技术。

隔震技术由来已久。从有文字记载的朴素的隔震概念开始，1881年日本人河合浩藏在《地震时不受大震动的结构》一文，提出了"要盖一种在地震时也不震动的房屋"，到现代意义的隔震装置的工业化生产和隔震建筑的大量建造，走过了百年历程。20世纪70年代铅芯橡胶隔震垫诞生，在1994年洛杉矶北岭地震和1995年阪神地震中，采用铅芯橡胶隔震垫的建筑表现出令人惊叹的隔震效果。

2012年6月通航的昆明长水国际机场是利用铅芯橡胶隔震垫的典型工程，是世界上最大的复杂结构单体隔震建筑之一。由于机场位于昆明的东北部，跨越多个地貌单元，地形起伏不平，多条断层从机场穿过，属于高地震烈度区。为此，设计人员在整个隔震层采用了1 800余个直径为1 000mm的叠层铅芯橡胶隔震垫。计算和振动台试验表明，航站楼各层剪力比最大值均小于0.35，即水平减震系数为0.5，隔震效果可以满足烈度降低1度的要求。目前在我国，已有5 000多栋房屋和350座桥梁采用了隔震技术（唐琳，涅槃而出 打造抗震城市，科学新闻，2016年7月，44～49）。应用最多的还是铅芯橡胶隔震垫。

昆明新机场是国家"十一五"期间批准新建的大型机场。项目总体定位为"面向东南亚、南亚，连接欧亚的国家门户枢纽机场"。新机场在2020年预计满足3 800万人次。候机大楼由彩色钢梁支撑，设计烈度VIII$^+$

建成后的北京新机场航站楼采用了先进的隔震技术，是全球最大的单体隔震建筑，抗震设防烈度达Ⅷ度。

建筑隔震，就是在房屋基础、底部或下部结构与上部结构之间设置由叠层铅芯橡胶隔震垫组成具有整体复位功能的隔震层，以延长整个结构体系的自振周期，减小输入上部结构的水平地震作用，达到预期防震要求。简单地说，隔震就是在上部结构和地面之间，设置一层柔软的隔震层，减少地面运动向上部结构传递，使上部结构的地震反应大幅降低，从而实现"隔离"地震。通常隔震结构的地震反应仅有非隔震结构的1/4至1/8，因而可以极大提高建筑的抗震性能。建筑物采用隔震技术不仅可以解决建筑工程的抗震问题，还能明显降低建筑成本。

隔震层一般由若干个隔震支座组成，而隔震支座则是由橡胶和钢板相互叠加黏结而成，这样既保证了隔震支座的刚度，又使其具有良好的柔韧性。隔震体系把传统抗震体系中通过加大结构断面和配筋的"硬抗"概念和途径，改为"以柔克刚"的减震概念和途径，是中华文化"以柔克刚"哲学思想在结构防震工程中的成功运用。

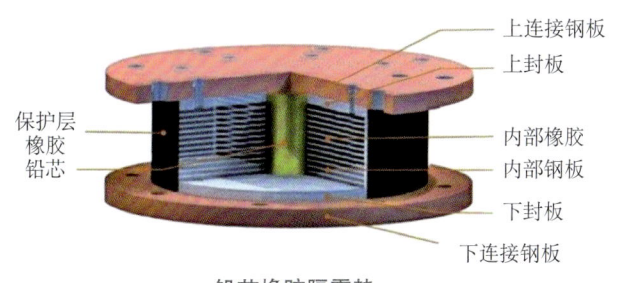

铅芯橡胶隔震垫

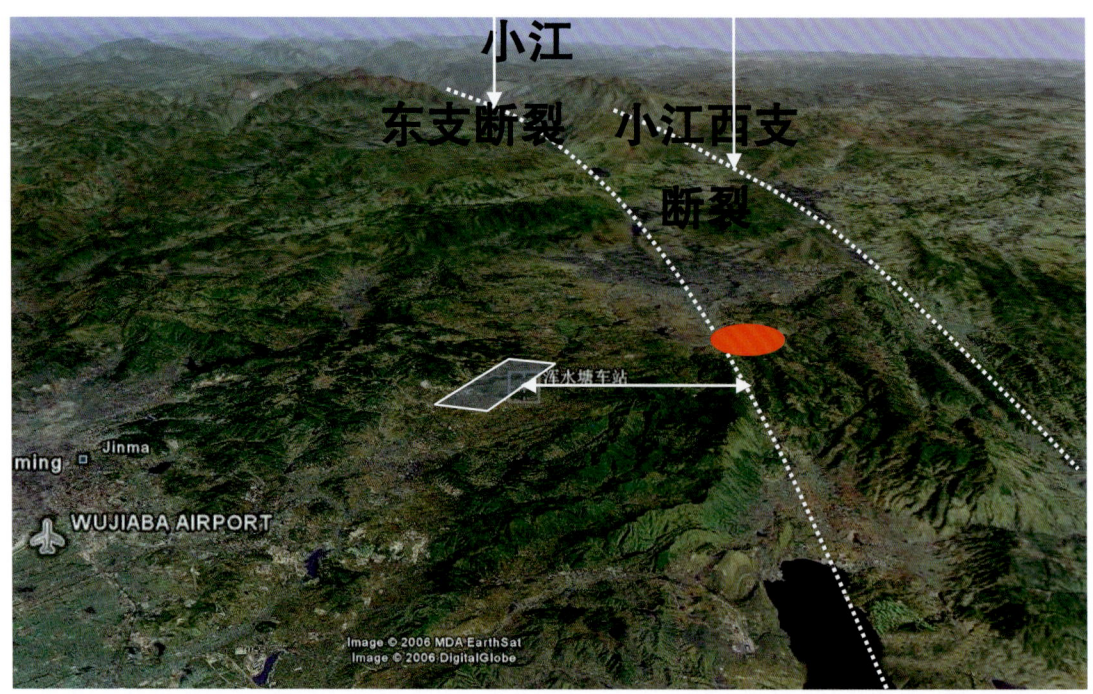

昆明原有的乌家坝机场无法扩建，新机场选址在图上的长方形符号的地方，它距小江断裂带（图中虚线）只有12km，小江断裂是世界上活动级别最高的断裂带之一，500年来，平均150年发生一次近8级地震，这就注定：新机场的建设一定要采用隔震技术

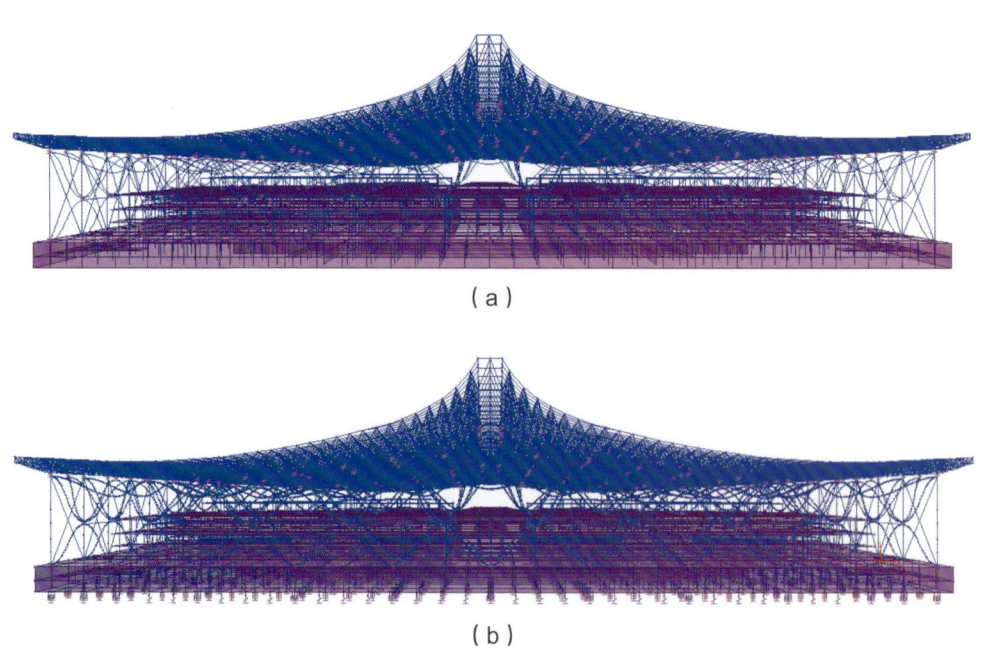

叠层铅芯橡胶隔震垫的应用：昆明长水国际机场的结构设计
（a）原始机场候机楼的设计；
（b）采用隔震垫的新设计（2008），整个候机楼建在1800余个叠层橡胶支架上

除隔震装置，另外一种新型的技术是调节质量减震器TMD（Tuned Mass Damper）。它是目前大跨度、大悬挑与高耸结构震动控制中应用最广泛的结构被动控制装置之一。TMD是一个由弹簧、阻尼器和质量块组成的震动控制系统，支撑或悬挂在需要震动控制的主结构上。当主结构在外界激励力的作用下产生震动时，会带动TMD系统一起震动，通过频率调谐，使TMD系统运动产生的动力再反作用到主结构上，其与外来激励力的方向相反，抵消了一部分激励力，使主结构的各项反应值（震动位移、速度和加速度）大大减小，从而达到控制主结构震动的目的。TMD的质量越大，减震效果越好。TMD已经开始应用于港珠澳大桥等大型建筑，并将得到越来越广泛的应用。

2010年12月，杭州湾大桥观光塔落成，观光塔位于杭州湾跨海大桥中部海上平台，建筑高度145.6m。针对观光塔的特殊结构和嵌固条件，项目研究团队利用有限元仿真计算了结构的动力学特性参数，并据此设计了频率和阻尼均可调的、质量为100t的TMD水平减振系统。在这项技术的保护下，观光塔屹立于海浪海潮中历经多次台风暴雨而安然无恙

减轻地震中建筑物震动的方法还有多种。台北的101大楼顶部,专门悬挂了一个大的钢球,地震时,由于钢球的惯性,可以减少大楼的震动。101大楼建成后,已经经历了多次地震的考验,减震效果十分显著

20世纪,鉴于我国的经济尚不发达,低造价的砌体结构在整个建筑行业中占优势地位,建筑物的抗震能力总体偏低。地震造成巨大的人员伤亡和经济损失,也就不足为怪了。

近几十年来,国家经济发展,政府重视,情况出现了很大的变化。GB 50011—2010《建筑抗震设计规范》、GB 50463—2008《隔振设计规范》、JG/T 209—2012《建筑消能阻尼器》、JGJ 297—2013《建筑消能减震技术规范》等技术标准发布,经济实力增强,做到"地上结实",逐步达到用高质量的建筑化解地震灾害的目的。

对于一个幅员广大、人口众多的国家,在建造高质量建筑物方面,"欠债"实在是太多了。当前,人口多,城市的高风险,建筑差,农村的不设防,这些情况还会持续相当一段时间。因此,尽管高质量建筑能化解地震灾害,是减轻地震灾害的根本性的工程措施,但是,为了最大限度地减轻今天的地震灾害,还需要许多有效的非工程措施。

预防为主，减灾的非工程措施

《中华人民共和国防震减灾法》已由中华人民共和国第八届人民代表大会常务委员会第二十九次会议于1997年12月29日通过，并从1999年3月1日起施行。该法是中国历史上第一部减轻地震灾害的法律，全面阐述了预防为主的减灾方针，非工程措施减灾建设的内容，规定了各级政府、人民团体、科研机构和全体公民在减轻地震灾害中的责任和义务。汶川地震后，对该法进行了修订。新法从2009年5月1日开始实施。

提高社会公众对地震的科学认识和对灾害的防范意识，对减轻地震灾害是十分重要的。大陆地震的成因和预报至今仍是世界性的科学难题。海城地震的成功预报主要是依据大地震之前出现的许多小地震（前震）而做出的，但全球大地震具有前震的不足总数的10%。因此，目前预报地震的能力还是十分有限的。社会公众应对这种预报能力有客观、科学的认识，不应相信各种"地震谣言"，地震工作者也应实事求是地向公众说明这一点。

在信息社会，信息传播比任何时代都要迅速，信息的影响也比任何时代都要重要。不认识地震预报实际的科学水平，散布不负责任的"地震预报"，不仅仅是科学上的无知，而且会造成社会的混乱。2010年，山西地震谣言就是一个例子。近年来，这种"谣言"在全国发生多起。影响越来越大，对社会的影响越来越坏，务必引起社会公众的注意。同时，地震工作者辟谣方式需进一步改善

"地震谣言"的出现，反映了地震信息发布与社会公众之间的沟通不足。地震信息的公共服务是我国防震减灾事业的明显短板，也是地震科技的发力点。建设防震减灾信息高水平服务平台，提供全方位智慧型服务，是显著提升防震减灾能力的一项基础性科研工作。

同时，还要有针对性地开展个性化服务，比如正在实施的地震烈度速报与预警工程，通过建立预警专用网络，可以为高铁、核电等行业部门提供预警信号并采取自动处置。通过与新闻媒体合作，利用社会资源，通过互联网、微博、微信等，为公众提供预警信息。

唐山地震后我很快到达了灾区，并在地震灾区工作了几个月。我亲眼看到，尽管农村倒塌的房屋很多，但奇怪的是死亡人数比例却不高。原因是一个村庄就是一个小的社区，社区里有村委会组织，街坊邻居也彼此熟悉，大家自救和互救意识强，能够互相救援。又由于村落内多是平房，若有人被埋到废墟里，只需拿根木棍合力一撬，就可把人救出来撤离危险区，因此，社区的自救能力很强。《中华人民共和国防震减灾法》中增强公民的防震减灾意识，提高公民在地震灾害中自互救能力的规定，十分重要。

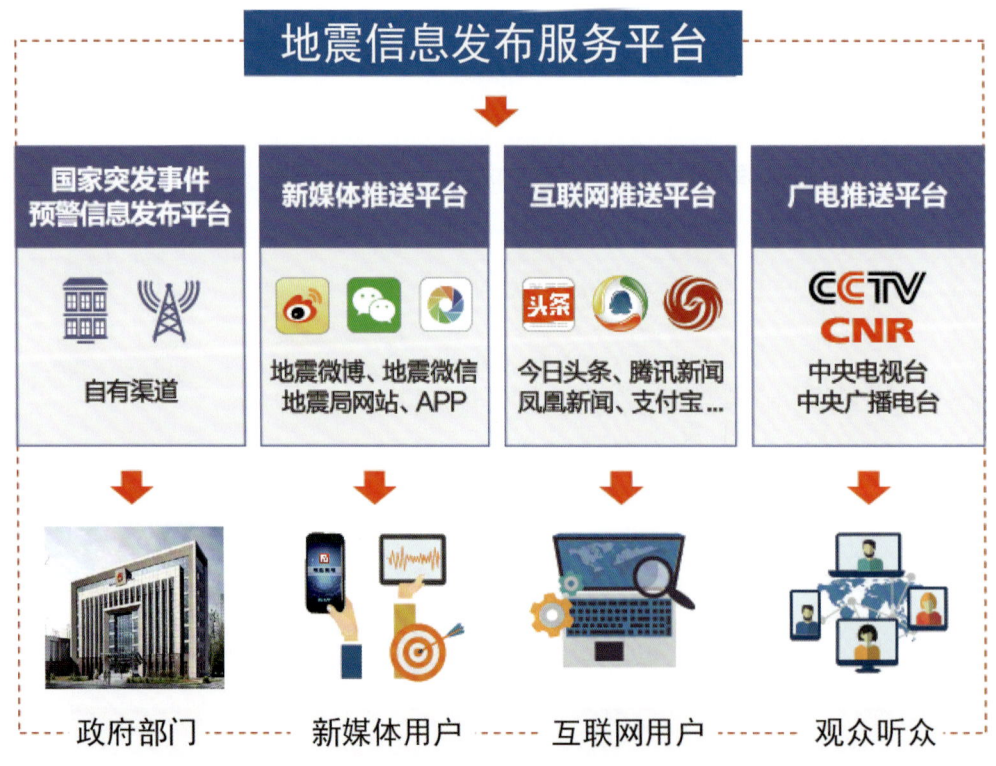

地震信息公共服务平台网络（中国地震局，2017）

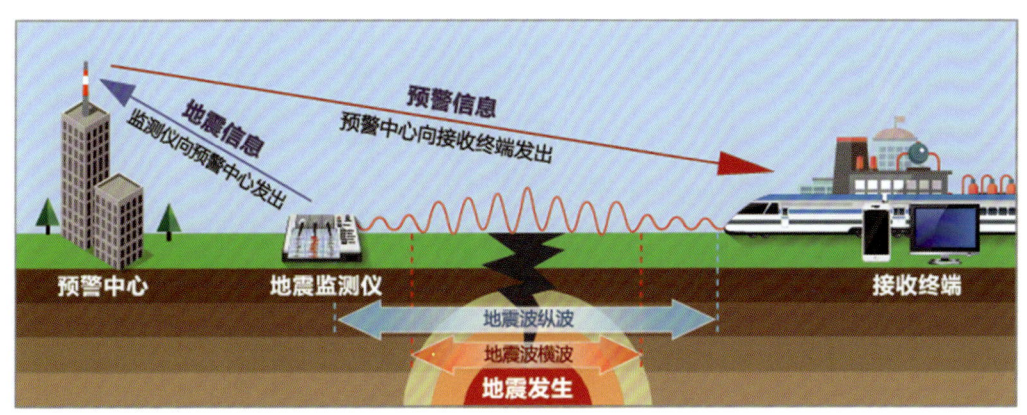

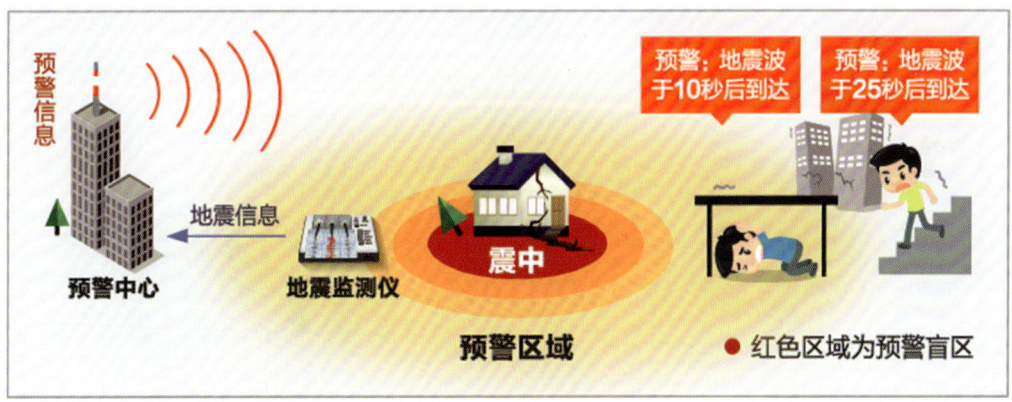

地震预警信息服务（中国地震局，2017）

《中华人民共和国防震减灾法》规定：各级人民政府应当组织有关部门开展防震减灾知识的宣传教育，增强公民的防震减灾意识，提高公民在地震灾害中自互救的能力。"唐山地震救灾的实例证明了这一规定是非常重要的。社区在救灾中发挥了重要的作用，唐山地震被压在废墟下的人员，多数是家庭成员和邻居救出来的"（唐山市政协文史资料委员会编，唐山大地震百人亲历记，社会科学文献出版社，1995）

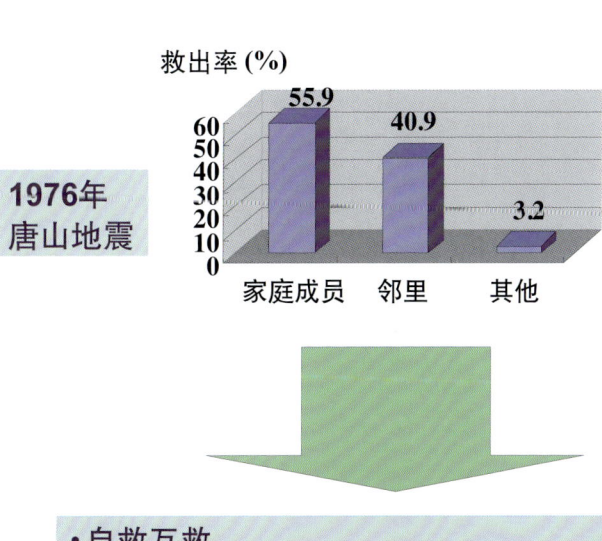

- 自救互救
- 有信息、有训练、有准备的社区

据后来统计,驻唐部队近万人,仅占唐山救灾总兵力的20%,然而,他们抢救出被埋压的居民15 893人,占救灾部队抢扒出的总人数的96%。这从另一个侧面说明,当地的力量一旦组织起来,就会成为救灾的主要力量,即使对于特大型灾害也是如此(唐山市政协文史资料委员会编,唐山大地震百人亲历记,社会科学文献出版社,1995)

　　1556年华县大地震后一个叫秦可大的文人在《地震记》中总结的躲避地震灾害的经验是:"卒然闻变,不可疾出,伏而待定,纵有覆巢,可冀完卵"。这是说:当面临一次大地震时,人们往往来不及躲,最好就近寻个安全角落(如柜或土炕的一侧),伏在地上,注意保护头部和脊柱,等待震动过去再迅速撤离到安全地方。简单说,就是伏而待定。这种经验,从今天的角度来看,也是有参考意义的。地震时,每个人处的环境不同,因此,究竟采取什么措施,也是因人因地而不同的。最重要的,是保持冷静,努力保护自己,自己保住了,才有能力去救别人。

　　我们目前还无法阻止地震的发生,在包括中国在内的许多东方国家,灾害意识差、依赖思想强是个带有普遍性的问题。所以,整个社会提倡灾害意识,发展灾害文化,坚持预防为主的做法,就有可能把地震灾害的危害程度减到最小。

面对各种灾害,预防为主是最重要的。唐代医学家孙思邈说过:大医医未病之人,中医医欲病之人,下医医已病之人。精辟地说明了预防为主的重要

市民地震应急

地震灾害的伤亡主要由建筑物造成,因此,地震发生时应反应迅速,及时采取保护自己的措施。

应急要点

住在平房的居民遇到地震时,如室外空旷,应迅速头顶保护物跑到屋外,来不及跑时可躲在桌下、床下及坚固的家具旁。

住在楼房的居民,应选择厨房、卫生间等开间小的空间避难,也可以躲在内墙根、墙角、坚固的家具等易于形成三角空间的地方;要远离外墙、门窗和阳台,不要使用电梯,更不能跳楼。

尽快关闭电源、火源。

正在室内活动时(上课、工作、游乐等),应迅速抱头,闭眼,在讲台、课桌、工作台和办公桌家具下边等地方躲避。

正在室外活动时,应注意保护头部,迅速跑到空旷场地蹲下,尽量避开高大建筑物、立交桥,远离高压电线及化学、煤气等工厂或设施。

正在野外活动时,应尽量避开山脚、陡崖,以防滚石和滑波,如遇山崩,要向远离滚石前进方向的两侧方向跑。

驾车行驶时,应迅速躲开立交桥、陡崖、电线杆等,并尽快选择空旷处立即停车。

身体遇到地震伤害时,设法清除压在身上的物体,尽可能用湿毛巾等捂住口鼻防尘防烟,用石块或铁器等敲击物体与外界联系,不要大声呼救,注意保持体力;设法用砖石等支撑上方不稳定的重物,保护自己的生存空间。

(引自北京市突发公共安全事件应急委员会办公室编《首都市民防灾应急手册》,北京出版社,2006年,42~43)

思考题

1. 人类古代建筑奇迹指的是哪7个建筑？除金字塔外，其他都毁于地震灾害，说出被摧毁的年代？

2. 地震是怎样发生的？请参照第8页图，说明地震发生时地下岩体运动的三种不同方式。

3. 为什么说"地震是照亮地下的一盏明灯"，举例说明。

4. 2004年印尼发生9.0级地震，几千千米外的北京记录到这次地震的地震波：振幅：约2cm，周期约60s。为什么这么大的震动，居住在北京的居民没有感觉？（提示：人对周期很长的震动十分不敏感。）

5. 唐山地震释放的能量有多大？（提示：地震释放的地震波能量E与震级M的关系：$\lg E=11.8+1.5M$，单位：尔格，唐山地震7.8级。）

6. 为什么说"一个7级地震释放的能量，约等于31.6个6级地震释放的能量，等于1000个5级地震释放的能量"？（提示：参考第22页的公式。）

7. 北京一般建筑物的设防烈度是VIII度。对于大多数浅震，6级地震震中烈度是VIII度；50km外地震，能够产生VIII度破坏的，地震震级要达到8级；100km外地震，能够产生VIII度破坏的，地震震级要达到9级。由这个例子说明什么是地震的震级？什么是地震破坏的烈度？震级和烈度有什么关系？

8. 人类历史上死亡人数最多的是哪次地震？

9. 举出世界上曾遭受过严重地震灾害的几个大城市。

10. 当你感到地震时，你应该做什么？不应该做什么？

与地震有关的网站

http://www.csi.ac.cn 中国地震信息网
www.csndmc.ac.cn 中国地震台网中心地震数据管理与服务系统
www.usgs.gov 美国地质调查局
www.iris.edu/hq 美国地震学研究会网站
www.isc.ac.uk 国际地震中心网站

致谢

中国地震局震害防御司、中国地震局科学技术委员会、地震出版社在创作和出版过程中给予了多方帮助和大力支持,作者对此表示衷心的感谢!